噴火龍武器店倉庫の武器目録

U0079985

⚜ 選一把武器吧！

　　這間內行人才知道的「噴火龍武器店」，是專門為老手而開的武器行，有很多等級高的冒險者前來。這間店的商品雖然價格昂貴，卻是以製作精良、耐用又稱手而聞名，**店老闆馬庫斯**會依照用途或體型幫客人選擇武器，犀利的眼光廣受好評，而**招牌女郎蕾雅**，雖然個子嬌小，卻不懼怕那些身強力壯的客人，待客親切。這時，**冒險新手克蘿愛**出現了，關於武器的入門解說就此正式開始。

◉ 克蘿愛

　　冒險新手。雖然她每次出去冒險都會遇到危險，卻不知為何每次都能幸運地獲救。對於武器一竅不通，這點還挺像個普通女孩子的，她喜歡可愛的東西，覺得把小隻怪物打倒很可憐，所以都不戰而逃。笨到無可救藥的地步，來到了武器店，卻不知道該怎麼回去。

◉ 蕾雅

　　「噴火龍武器店」的招牌女郎。店老闆馬庫斯將看店的重責大任交付給她。她的親生父母是馬庫斯的戰友，在攻略地下城時喪命。她將養父馬庫斯視為自己的親生父親。由於從小就耳濡目染，所以能應付大部分客人要購買的武器。目前正在馬庫斯的指導下修習武藝。還不太熟悉複雜或難以上手的武器要怎麼處理。

◉ 馬庫斯

　　武器店的老闆。以前是極為勇猛的戰士，所在的隊伍以曾經斬殺「紅龍」而聞名，知道往事的人都稱他為十八般武藝具全的馬庫斯。他經歷過各種冒險，曾依照情況分門別類地使用各種武器。附近的人都傳說，他會將武器店交給蕾雅照看，也許是因為有一天他想再次展開冒險旅程。

【序幕】冒險者克蘿愛，倒在噴火龍武器店的店門口

克蘿愛：累死了啦，肚子好餓，餓死了啦——

蕾雅：妳怎麼了？看妳走路都走不穩了，沒事吧？妳的防具看起來都壞了，好像也沒有武器……。

克蘿愛：武器壞掉了……。我叫克蘿愛，就像妳所看到的，我是一個冒險者，不過……。請問這裡是哪裡啊？

蕾雅：問得好！這裡是「噴火龍武器店」！是一間全世界武器齊集的店哦！我叫蕾雅，是店老闆的女兒，現在負責看店。說起來，這是高等冒險者的商店街，要用傳送魔法才能進來這裡，可是……我這麼說沒什麼惡意，不過妳的等級好像沒有很高，妳是怎麼到這裡來的？

克蘿愛：我迷路了，不知不覺就來到了這裡……。

蕾雅：嚇死人了，妳可是第一個不知不覺就來到這裡的人呢！

馬庫斯：怎麼了？發生什麼事了？有客人嗎？歡迎光臨！我修理東西剛好告一段落了，所以過來吃飯。

蕾雅：啊，爸爸，超難得的，有人迷路跑來了。

馬庫斯

笨蛋，叫我店長。妳說迷路跑來嗎？偶爾是會有這種事情沒錯，那很傷腦筋吧。

克蘿愛

我攻略地下城失敗，所以才像現在這麼狼狽。

馬庫斯

不過，妳也挺厲害的，竟然能從地下城生還。

克蘿愛

我這個人好像只有運氣算好一點，擲骰子總是擲出三個一點哦！

蕾雅

真不知道那到底算是運氣好還是不好。

克蘿愛

對了，妳從剛才就一直抱著那本書，那是什麼書啊？

蕾雅

這個嗎？這是我們家的「武器目錄」，裡面網羅匯整了各種武器，這樣比較方便跟客人說明。

順便說一下，我們店裡的武器是以這種方式分類的：

「**刀劍**」是用來揮斬直刺的武器，而且刀身比刀柄長。

「**短劍**」是小型刀劍，可以在近身肉搏戰中用來攻擊對手。

「**長柄**」是整體又長又大的武器，因為握柄很長，所以能從較遠的距離攻擊敵人。

「**打擊**」是打擊武器，用來擊打對手，讓對方受傷。

「**遠距**」是遠距離用的武器，是用投擲或發射的方式攻擊的飛行武器。

「**特殊**」是特殊武器，也就是「其他」，不屬於上述類別的武器。

我們店裡賣的武器，全都是從歷史上的各個時代、各個區域的武器中精選出來的。

克蘿愛

哇！拜託妳，可以幫我從那目錄裡面選一把最強的武器嗎？

馬庫斯

真是的，聽好了這位客人，這世上沒有什麼「最強的武器」。

克蘿愛

是那樣嗎？可是，不是常聽說有什麼傳說中的劍之類的嗎……？

馬庫斯

因為傳說有很多都與事實不符啊，只要學習武器的知識，就會知道各種武器的目的、用途，以及稱不稱手。妳就當作休息，順便在我們店裡稍微學一下吧。

蕾雅

那就一起來翻「武器目錄」，看看我們家有什麼武器吧。

克蘿愛

好！謝謝你們！

蕾雅

這本「武器目錄」是按剛才所說明的項目分章節，每一章裡面的武器名稱會因為語言或發音不同而改變。像是有一種武器「晨星錘」，英文是「Morning star」，德文是「Morgenstern」，都是「晨星」的意思。如果找不到要找的武器，**可以用其他類似的名稱，從卷末的索引搜尋。**

克蘿愛

要是可以因為這樣更了解武器，好像對冒險也很有幫助！

✦目錄

1章
刀劍

蕾雅

克蘿愛，妳想回去地下城報仇嗎？想用什麼武器？

克蘿愛

我想要正統的武器……。說到武器一般都會想到劍，幫我選一把劍吧！

馬庫斯

劍好啊，只要知道敵人的弱點在哪，光是用劍尖一劃，搞不好就可以給對方一個致命傷。像人型怪物，頸動脈就是弱點。砍中手腳的肌腱，也可以限制敵人的行動。

蕾雅

劍就算是在狹窄的洞窟裡，也很容易施展。因為劍不只可以揮斬，也可以直刺。

馬庫斯

從妳的體型來看，拿單手劍比較好吧。

克蘿愛

兩隻手各拿一把單手劍，會加倍強大嗎？

蕾雅

雙刀流對新手來說好像很難……。

刀劍

短劍

長柄

打擊

遠距

特殊

001 維京劍

viking sword

- ◆長度：60～80 cm
- ◆重量：1.2～1.5 kg
- ◆時代：5～12 世紀
- ◆地區：歐洲

維京劍是中世紀北歐的戰士喜歡使用的劍，劍柄較短，方便單手持劍，當時沒有製鋼技術，所以用寬厚的劍身來維持強度。劍身刻有一道巨大的溝槽，這是為了減少重量。一把維京劍是用很多細小的鐵片鍛接而成，劍的表面有像鱗片一樣的紋路，因此人們也常說它是毒蛇，認為有超越單純武器的神祕力量，有各種迷信的說法，像是「劍有自己本身的意識」、「劍吸了敵人的血就會威力大增」。

002 打刀

uchigatana

- ◆長度：70～90 cm
- ◆重量：0.7～0.9 kg
- ◆時代：室町～江戶
- ◆地區：日本

打刀是日本室町時代（1336～1573 年）開始普及的刀，現代的日本刀指的就是打刀。在步兵戰成為主流之後，因為太刀（見他項記載）又大又重，相較之下打刀更好拿，因此廣受喜愛。刀刃向上，刀鞘插進腰帶裡的裝備方式，也是為了好攜帶、好拔刀而想出的巧思。刀身的構造和太刀沒什麼差別，人們有時也會將太刀的刀身截小，重新打造成打刀。早期和太刀一樣刀身有彎曲，但是到了以竹刀練習劍術的時代，人們反而開始喜歡像竹刀一樣刀身沒有彎曲的打刀。

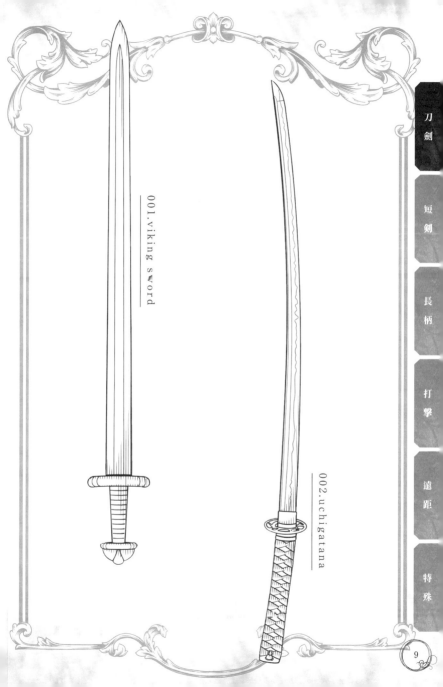

001.viking sword

002.uchigatana

短劍

長柄

打擊

遠距

特殊

一刀劍

短劍

長柄

打擊

遠距

特殊

003　穿甲劍

estoc

◆長度：80～130 cm
◆重量：0.7～1.1 kg
◆時代：14世紀～現代
◆地區：歐洲

　　穿甲劍是一種沒有劍刃，特別加強用來穿刺的劍。特徵是劍身像椎子一樣呈菱形，劍身又大又長，德國是以「破甲」之名稱呼。早期主要是騎兵在使用，對上以鎖鏈織成的鏈甲時非常有效，但全身以板金覆蓋的板甲出現後，穿甲劍就衰退了。到了近代，戰場上開始使用火器之後，板甲變得沒什麼意義，因為防具簡化、輕量化，步兵又開始使用又長又大的穿甲劍。而現代，鬥牛士最後用來擊殺牛的劍「鬥牛劍」，就是與此相同的劍。

004　德式鬥劍

katzbalger

◆長度：60～70 cm
◆重量：1.4～1.5 kg
◆時代：15～17世紀
◆地區：西歐

　　德式鬥劍是在中世紀義大利戰爭中十分活躍的德國傭兵團「國土傭僕」喜愛的佩劍。德式鬥劍雖短，但厚度與重量十足，特徵是S形護手，以及像魚尾一樣的劍墩。德式鬥劍的名稱「katzbalger」的由來有兩種不同的說法，一種是說因為國土傭僕喜歡珍奇的服裝，用貓皮包捲此劍當作劍鞘，才變成用「貓的毛皮＝katzbalger」來稱呼。另一種說法是，國土傭僕在戰場上主要是使用雙手劍，德式鬥劍則是用在互相廝殺的混戰狀態，或是戰場以外的地方，因此帶有「打架用」意思的俗語，成了名稱的由來。

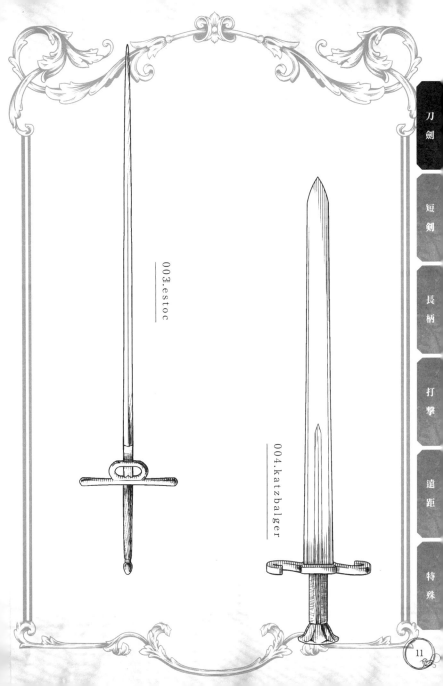

003.estoc

004.katzbalger

005 羅馬短劍

gladius

◆長度：50～75 cm
◆重量：0.9～1.1 kg
◆時代：7 B.C.～4 A.D.
◆地區：西歐

　　羅馬短劍的語源「gladius」是拉丁文「劍」的意思，這是一種雙刃的直劍，主要適合用來揮砍。劍柄是用木頭、象牙、骨頭等材料製作，由劍格、劍柄、劍墩這三個部位所構成的握把，其款式非常歷史悠久，已成為後世一般劍的標準外形。原本是古代羅馬帝國遠征西班牙時，敵軍所使用的劍，但自從羅馬軍知道此劍的威力之後，就讓步兵也裝備這種羅馬短劍了。為了在馬上方便刺擊，騎兵用的是比步兵用更細長的劍，這種劍稱為「羅馬重劍」（spatha）。

006 蘇格蘭闊刃大劍

claymore

◆長度：100～190 cm
◆重量：2～4.5 kg
◆時代：15～18世紀
◆地區：西歐

　　蘇格蘭闊刃大劍「claymore」蓋爾語的意思是「巨大的劍」，是一種極具代表性的雙手劍。以勇猛聞名的蘇格蘭北部高地地區的戰士，最愛用這種劍。現代這種劍已經成為「雙手長劍」的代名詞，最長的全長達2公尺，為了容易揮舞，劍柄也打造得相當長。蘇格蘭北部是貧瘠的山岳地帶，傭兵產業極為發達。到了近代，即使是以槍炮火器戰為主的近代，他們也繼續使用名為蘇格蘭闊刃大劍的劍，但那已經是單手可拿，外表像西洋劍的劍，名稱一樣，但已經和之前不同。

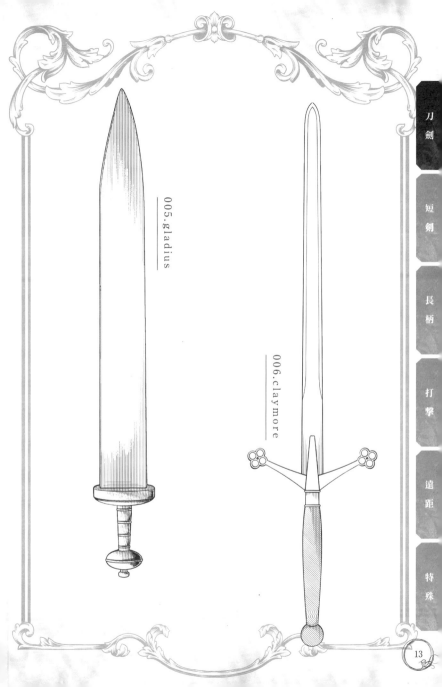

005.gladius

006.claymore

007 毛拔形太刀

kenukigata tachi

◆長度：80～100 cm
◆重量：0.9～1.1 kg
◆時代：平安～南北朝
◆地區：日本

　　毛拔形太刀是日本平安時代（794～1184年）中期出現的一種名為「一體鍛造」樣式的刀，刀身與刀柄一體成形。正如其名，刀劍上有毛拔（鑷子）形的鏤空雕刻，這種鏤空雕刻不只是裝飾用，也是為了吸收、減輕劈砍時的衝擊而設計。不過，後期變成只是象徵式的嵌上鑷子型鐵扣當作防止刀身自刀柄脫落的「目釘」。刀柄的部分大幅彎曲，但據說這種設計可能是為了從馬上往下斬。這是連接古代的直刀與之後的太刀或打刀的一種過渡期的刀。

008 小太刀

kodachi

◆長度：30～66 cm
◆重量：0.4～0.7 kg
◆時代：鎌倉～江戶
◆地區：日本

　　小太刀指的是2尺以下的日本刀，長度介於一般的日本刀與短刀中間。據說不是為武士打造，而是給貴族防身用，或是女人、小孩的護身用刀。也有一說認為小太刀包含脅差（見他項記載）或大脅差，但嚴格定義來說，太刀指的是刀刃向下，以金屬扣吊掛之形態的刀，因此與本項所指的小太刀列為不同項目。而小太刀術這種已經廣為人知的刀術，基本上是指脅差的用法。小太刀現存很少，有數柄被指定為國寶。

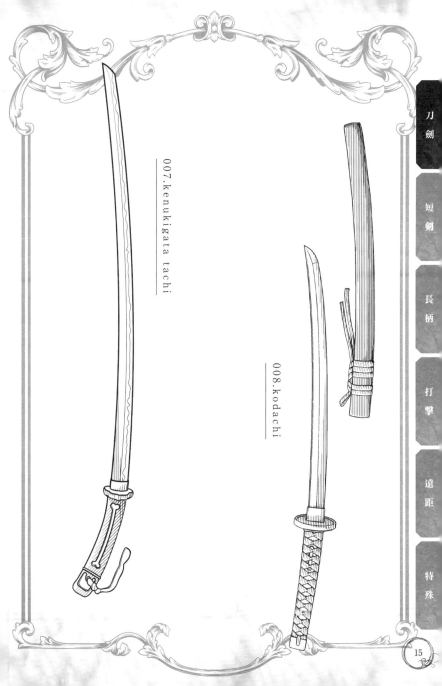

007.kenukigata tachi

008.kodachi

009 軍刀

sabre

◆長度：70～120cm
◆重量：1.7～2.4kg
◆時代：16～20世紀
◆地區：全世界

　　軍刀是單手可拿的輕型刀類武器，形狀有多種樣式，有直刀也有彎刀。此外，也有單刃與雙刃兩種形態，定義很廣，這與其說是刀劍的種類，不如說是比較接近近代軍刀的總稱。軍刀的歷史悠久，據說是9世紀左右中亞的遊牧民族在馬上使用的刀，經過中東近東傳播，在歐洲的匈牙利變成現在的形貌。即使是現代，各國的兵士或警官也會基於禮儀佩帶，而在日本從明治時代開始到第二次世界大戰為止，軍刀都是軍方的正式裝備。擊劍中的「軍刀」競技就是使用這種刀對戰，是擊劍當中唯一承認斬擊有效的項目。

010 波斯彎刀

shamshir

◆長度：80～100cm
◆重量：1.5～2.0kg
◆時代：13～20世紀
◆地區：中東、近東

　　波斯彎刀是波斯的刀類武器，「shamshir」的意思是「獅子尾巴」，有人說這是指刀身彎曲的刀，也有人說單純泛指所有刀劍的總稱。此外，刀柄彎曲方向相反的稱之為「獅子頭」。主要適合用在往下揮砍或橫斬，又有新月刀、彎月刀、圓月刀等譯名，同樣形狀的刀也廣泛分布在印度或亞洲各國。古代波斯的刀主要是直刀，一般認為這種曲刀可能是從蒙古系的遊牧民族傳來的。

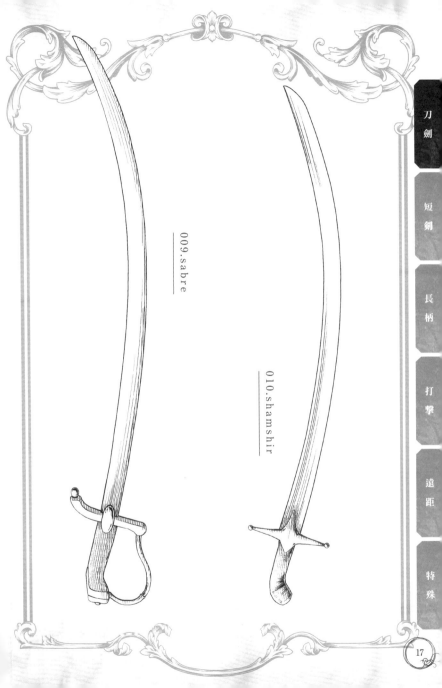

009.sabre

010.shamshir

刀劍

短劍

長柄

打擊

遠距

特殊

011 太刀

tachi

◆長度：75～120 cm
◆重量：0.6～1.5 kg
◆時代：鎌倉～南北朝
◆地區：日本

　　太刀是一種日本刀，指的是將超過2尺的刀刃朝下，垂掛在腰繩上攜帶的日本刀，這種帶法稱為「佩帶太刀」，與「插」在腰上的打刀（見他項記載）有所區別。如果要從刀身判斷為太刀還是打刀，基於上述原因，太刀與打刀鏨刻的刀銘位置不同（打刀的刀刃向上時，刀銘在外側），藉此可以某種程度的分辨兩者。後期還出現以漆、皮繩、結繩、金鏈等物品裝飾刀柄或刀鞘等地方的太刀，越來越傾向代表權勢的藝術品，實用性越來越低，本來其實是在馬上使用的武器。

012 野太刀

nodachi

◆長度：90～300 cm
◆重量：2.5～8 kg
◆時代：鎌倉～安土桃山
◆地區：日本

　　野太刀又稱為大太刀，指的是太刀（見他項記載）中超過3尺者。刀身非常巨長，因此大多是扛在肩上。鎌倉時代（1069～1333年）由武士把持政權之後，野太刀因剛毅多於優美而受到尊崇，武士開始會藉由使用野太刀來誇示自己的力量。野太刀的特徵是為了與刀身取得平衡，刀柄的部分也有加長。現存最大的野太刀超過3公尺，不過是用來祭祀，並沒有實際使用。專門的流派有薩摩（日本鹿兒島）的野太刀自顯流，薩摩的下級藩士經常學習這個流派，在明治維新時因有顯著的戰果而聞名。

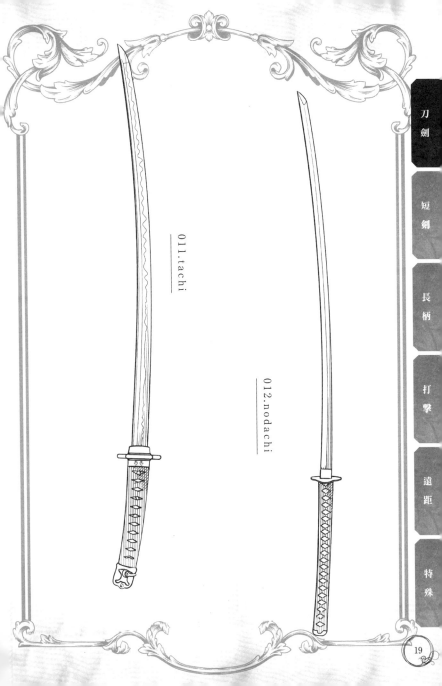

011.tachi

012.nodachi

短
劍

長
柄

打
擊

遠
距

特
殊

刀劍

短劍

長柄

打擊

遠距

特殊

013 混種劍

bastard sword

◆長度：115～140 cm
◆重量：2.5～3.0 kg
◆時代：15～16世紀
◆地區：西歐

　　混種劍是15世紀的瑞士傭兵所使用的劍，從劍身尖端到三分之一左右的地方是雙刃，劍柄的長度比一般的劍還要長一個半拳頭左右，因此又稱「一手半劍」（hand-and-a-half sword）。這個劍柄長度可以有效運用在戰鬥上，可以單手揮劍、雙手握劍往前刺，或往前衝。當時西方的劍分為以揮砍為主的日耳曼系，以及以截刺為主的拉丁系，此劍因而稱為「雜種劍」。

014 拳劍（帕塔劍）

pata

◆長度：100～120 cm
◆重量：1.0～2.5 kg
◆時代：17～19世紀
◆地區：印度

　　拳劍是一種攻防合一的劍，劍身與護手合為一體。護手裡面有一條橫向的金屬繩，用劍時握住金屬繩控制。裝配上拳劍，手腕會完全固定住，攻擊時利用手臂或軀幹的動作順勢強力揮砍。雖然是實戰用的武器，但護手的地方有時也會用老虎、獅子或鹿等動物為主題來裝飾。製造出這項武器的是印度馬拉塔帝國的戰士，他們驍勇善戰，用拳劍在古代與蒙兀兒帝國、在近代與英國奮戰。構造與此相似的武器有拳刃（見他項記載），據說拳刃有可能是拳劍的原型。

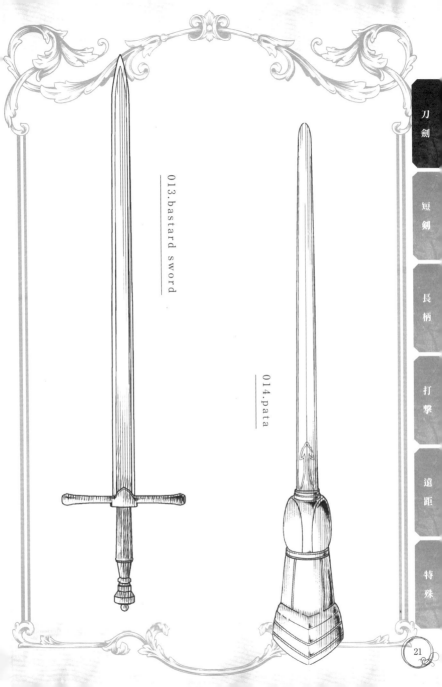

013.bastard sword

014.pata

015 圓月砍刀

falchion,fauchon

◆長度：70～80 cm
◆重量：1.5～1.7 kg
◆時代：10～17世紀
◆地區：歐洲

　　圓月砍刀是又短又重的單刃武器，「fauchon」是法文的名稱，英文則是「falchion」。刀幅相當寬，刀鋒呈和緩的弧形，與大多數的彎刀不同，大部分的圓月砍刀刀背都是筆直的。使刀是像柴刀一樣用力劈砍，就像要把對方連同鎧甲一起斬斷一樣，主要是在群體混戰中發揮威力。這項武器的使用廣泛深入歐洲，像是中世紀的畫作中，就經常可以看到拿著圓月砍刀的士兵。而圓月砍刀的起源，據說是源自於北歐的短刀撒克遜小刀（見他項記載），但圓月砍刀也有像彎刀一樣刀背彎曲的樣式，因此也有一說認為是從阿拉伯諸國傳來的。

016 焰形雙手大劍

flamberge

◆長度：130～150 cm
◆重量：3.0～3.5 kg
◆時代：17～18世紀
◆地區：西歐

　　焰形雙手大劍之名是源自於法文「flamboyant」，意思是「火焰的形狀」，其特徵也正如其名，劍身如火焰一般呈波浪形，藉此可以加大傷口的裂傷。另外有一種劍身同樣呈波浪形又較為窄細的單手劍「焰形劍」（見他項記載），據說此劍可能是參考焰形雙手大劍而製成。焰形雙手大劍的殺傷力極高，但波浪形劍身也十分美麗，因此後期轉為儀式用途。法國的騎士傳說裡出現的英雄雷諾・德・蒙特班，他所使用的劍名為「冷焰之劍」，據說就是焰形雙手大劍。

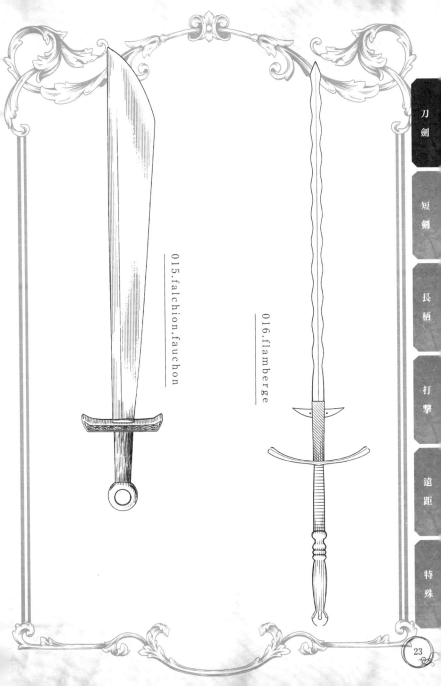

015.falchion.fauchon

016.flamberge

刀劍　短劍　長柄　打擊　遠距　特殊

017　闊劍

broad sword

◆長度：70～80cm
◆重量：1.4～1.6kg
◆時代：17～19世紀
◆地區：西歐

　　闊劍單純指一般劍身寬闊的劍，同時也是從17世紀左右開始使用的軍刀之總稱。這裡的「寬闊」，指的是以決鬥等情況下使用的一般突刺用劍為基準時，相較之下劍幅較寬的意思，劍身並沒有真的很寬。步兵與騎兵都會裝配闊劍，用法也是以揮砍為主，從這幾點來看，闊劍有很多地方都與軍刀（見他項記載）類似，但最大的差別在於有無像包住拳頭一樣的護手。17世紀因火器發達而導致板甲衰退，可以說是各種近身肉搏戰用的單手刀劍誕生與蓬勃發展的時代。

018　西洋劍

rapier

◆長度：80～90cm
◆重量：1.5～2.0kg
◆時代：16～17世紀
◆地區：歐洲

　　西洋劍的語源是法文的「espee rapiere」（突刺之劍），此劍也正如其名，是用來截刺攻擊的劍。雖然劍身輕巧，但剛性太低不適合用在戰場上，主要是用來決鬥。後來傳到西班牙或義大利，發展成熟後又傳回法國。西洋劍雖然也有單獨使劍對戰的時候，但一般都是左手拿著斗篷或短劍，藉此防禦或牽制。到了近代之後，火槍的發展使得整身穿著的鎧甲失去效用，西洋劍也因此開始使用在戰爭當中。「銳劍」現在是擊劍的項目之一，學習此項技術的人很多。

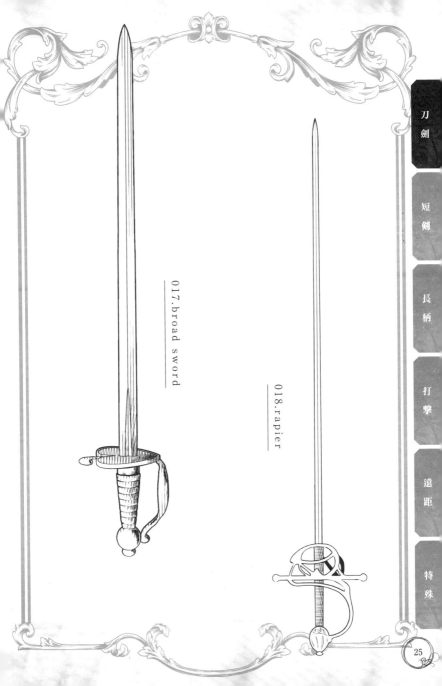

017.broad sword

018.rapier

019 印度闊身刀

ayda katti

◆長度：60～70cm
◆重量：1.5～1.8kg
◆時代：5～12世紀
◆地區：印度

　印度闊身刀是印度西南邊的果達古地區所使用的劍，在混合各種宗教文化的邁索爾王國發展至成熟，形狀介於鐮刀與柴刀之間，攜帶時是將刀柄尾端的繩圈，吊掛在名為「敦加」的一種有附鉤子的腰帶上，銀製的刀柄尾端，打造得非常細膩精緻。這種刀只有貴族或王族等身分高貴的人才可以擁有。

020 雅達禮刀

ada

◆長度：80～100cm
◆重量：1.5～2.0kg
◆時代：14～19世紀
◆地區：西非

　雅達禮刀是儀式用刀，源自於西非奈及利亞南部曾經興盛一時的貝南帝國，因持有者的地位或職務不同，有很多不同的形狀的雅達禮刀。刀身刻有以他們的神話和宇宙觀為主題元素的花紋，據說這些花紋全都是代表他們與祖靈神「奧基索」之間的連結，象徵王室的權威與正統性。

021 羚頭劍

ilwoon

◆長度：60～80cm
◆重量：0.9～1.2kg
◆時代：16～20世紀
◆地區：中非

　羚頭劍是以往位於剛果薩伊中央的布尚戈王國，其中心種族巴庫夫人（亦稱巴庫人）所使用的劍。劍的表面有幾何圖形的花紋裝飾，劍身獨特，劍尖的角狀突出是以羚羊為主題而作。有儀式用的木劍與戰鬥用的金屬劍，同樣區分二種用法的還有伊庫短劍（見他項記載）。

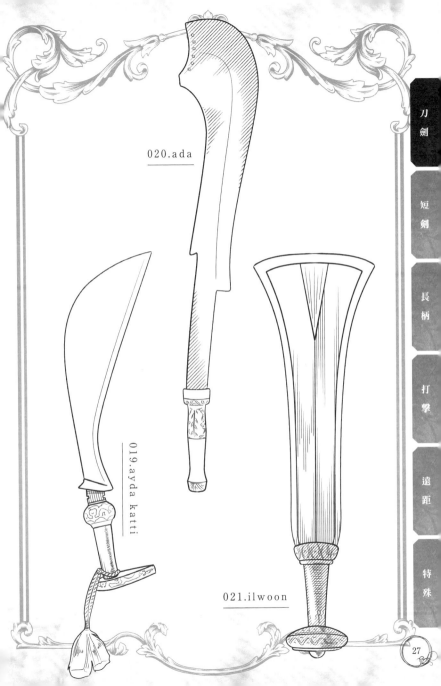

020.ada

019.ayda katti

021.ilwoon

刀劍

短劍

長柄

打擊

遠距

特殊

022　死刑之劍（斬首劍）
executioner's sword

◆長度：100～120cm
◆重量：0.8～1.3kg
◆時代：17～18世紀
◆地區：西歐

　　死刑之劍正如其名，是處刑用的劍，用來替身分高貴的罪犯斬首。為了能配得上身分高貴罪犯的臨終之期，除了劍身有精美的裝飾以外，劍的構造也為了處刑而特別強化過。這把劍不需要用來截刺，所以劍尖平圓。雖然是雙手劍，但劍柄短到舉劍時雙拳幾乎連接在一起，這是為了在揮劍時可以更好使力。

023　銳劍
epee

◆長度：100～110cm
◆重量：0.5～0.8kg
◆時代：17世紀～現代
◆地區：西歐

　　銳劍是在法國興盛的刺擊用劍，「epee」在法文中指的就是「劍」。其特徵是碗型的劍格——杯狀護手。與同時代的劍西洋劍（見他項記載）一樣，都是用於貴族的決鬥等。現代有使用此劍比賽、與此劍同名的擊劍競賽項目「銳劍」。擊劍項目中的「銳劍」比賽形式近乎決鬥，允許自由攻防，沒有攻守順序。

024　圓頭太刀
entou dachi

◆長度：70～110cm
◆重量：0.6～0.9kg
◆時代：古墳～奈良
◆地區：日本

　　圓頭太刀是日本古代的直刀，應該是貴族所持有之物。名稱源自於圓形柄首，大多十分樸質，其中也有一些柄尾有洞可以穿繩。同時代的刀劍有環頭太刀、圭頭太刀、槌頭太刀等，大多是像這樣用柄首的形狀分類。這種太刀，大多都是從實戰武器演變為儀式用途。

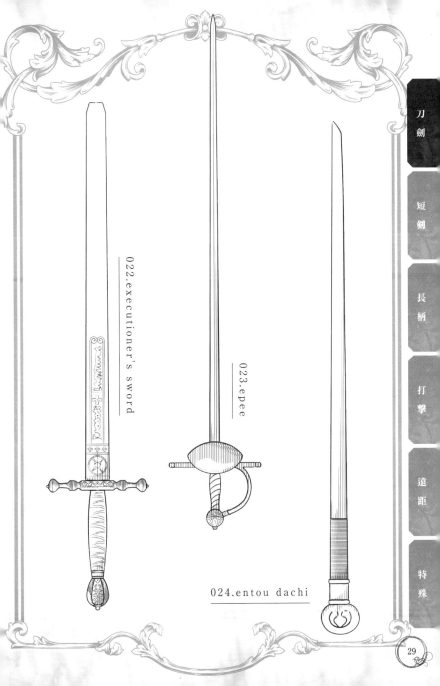

022.executioner's sword

023.epee

024.entou dachi

025 馬賽闊頭劍

ol alem

◆長度：70～80 cm
◆重量：0.8～0.9 kg
◆時代：17～20世紀
◆地區：南非

馬賽闊頭劍是馬賽人所使用的劍，馬賽人居住在肯亞與坦尚尼亞之間的熱帶莽原。這種劍極為簡樸，幾乎沒有任何裝飾，握柄也只是用皮繩纏繞而已。劍身窄細，但前端粗大，因為重心集中在前端而十分有切割力。為了增加強度，劍峰隆起如山形。

026 餝劍

kasadachi

◆長度：75～80 cm
◆重量：0.7～0.8 kg
◆時代：平安
◆地區：日本

餝劍也寫作飾劍、飾大刀，是一種奢侈地使用黃金、鮫皮、螺鈿等作為裝飾，光輝燦爛的刀。這是日本平安時代的貴族身上佩帶的劍，是他們地位的象徵，職位越高的人，裝飾得越華麗。略微彎曲的刀身具有日本風味，但刀鐔卻是中國風。此刀極為窄細，甚至稱為細太刀，據說無法當武器使用。

027 卡斯卡拉長劍

kaskara

◆長度：50～100 cm
◆重量：0.6～1.5 kg
◆時代：16～19世紀
◆地區：北非

卡斯卡拉長劍是在16世紀的伊斯蘭國家，達佛王國與巴吉米爾王國（現在的蘇丹附近）十分普及的劍。這是一種很簡單的雙手劍，收進鱷魚或蜥蜴皮製成的劍鞘中，背在肩上攜帶，掛在腰上的稱之為塔科巴長劍。原本是阿拉伯人所使用的劍，透過交易傳播出去。

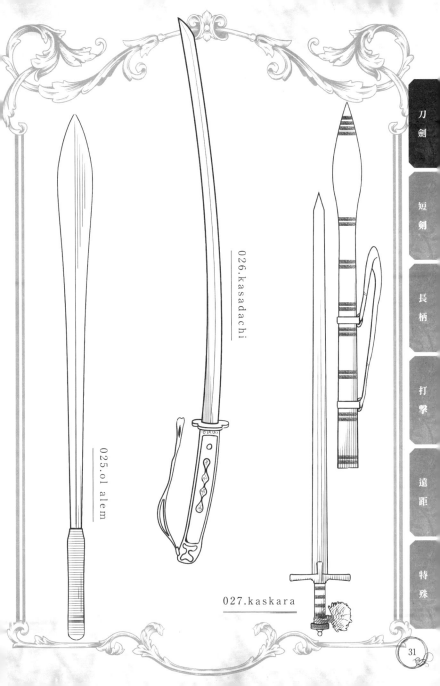

026.kasadachi

025.ol alem

027.kaskara

028 斯里蘭卡獸頭刀

kastane

◆長度：40～100 cm
◆重量：0.5～1.2 kg
◆時代：15～18世紀
◆地區：南亞

　斯里蘭卡獸頭刀是柄首有加上怪物頭部裝飾的斯里蘭卡的刀類武器，單刃，同時存在彎曲和沒彎曲的兩種刀型，長度不一，但共通點是都是以揮砍為主的刀。這種刀以刀類武器來說，非常具有實用性，同時也是美術價值極高的刀，有些會在其極具特徵的柄首鑲嵌寶石，或是刀鞘也有金銀的裝飾等。

029 波斯劍

quaddara

◆長度：80～100 cm
◆重量：0.9～1.1 kg
◆時代：16～18世紀
◆地區：中東、近東

　波斯劍是波斯的貴族或將軍所擁有的昂貴的劍。這是一種雙刃，而且劍幅很寬的劍，可以用來揮砍，也可戳刺。劍身刻有錢的圖案、鍛冶師的名字，或對阿拉的祈禱等。劍柄是用動物的角製成，並以貴重金屬裝飾，劍鞘也一樣會加上裝飾。也有結構相同但較為小型的劍「金德加匕首」（見他項記載）。

030 水手彎刀

cutlass

◆長度：50～60 cm
◆重量：1.2～1.4 kg
◆時代：15～19世紀
◆地區：西歐

　水手彎刀是近代歐洲的船員所愛用的刀，他們喜愛的理由，在於寬厚又有點短的刀身。因為刀身短較容易施展，在船上這種狹窄的地方戰鬥，可以發揮威力，厚重的刀刃就算連續激烈劈砍也不容易損壞。這刀不只能用來劈砍，也有很多是將刀尖打造成銳角，可以用來戳刺。

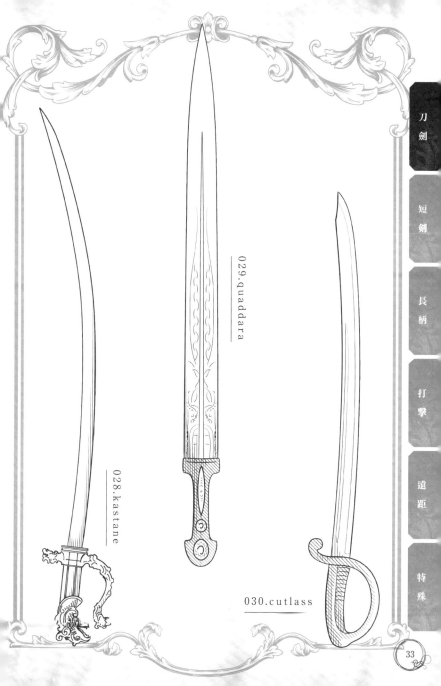

029.quaddara

028.kastane

030.cutlass

短劍

長柄

打撃

遠距

特殊

刀劍

短劍

長柄

打擊

遠距

特殊

031 鯉舌劍

carp's tongue sword

◆長度：60～90 cm
◆重量：0.7～1.0 kg
◆時代：9 B.C.～5 B.C.
◆地區：歐洲

　　鯉舌劍是凱爾特人早期鐵器文明中遺留下來的劍。形狀獨特，從劍根維持一定的寬度往前伸展後，前端收窄，因此考古學家將其命名為「鯉魚舌之劍」。凱爾特遺跡出土的武器中，也有根部窄細，到劍鋒變粗的「鹿角劍」（antler sword）。這些劍為何呈現如此形狀，至今仍原因不明。

032 土耳其彎刀

karabela

◆長度：90～100 cm
◆重量：0.8～1.0 kg
◆時代：17～20世紀初
◆地區：中東、近東

　　土耳其彎刀是從17世紀到近代，以中東、近東為中心到印度北非等廣大地區所使用的刀類武器。其特徵是稱之為「鷹頭」圓球狀柄首，呈直角向刀刃側突出。在歐洲，法國拿破崙一世的軍隊就是採用此刀。近代在波蘭特別盛行，一直到20世紀初為止，都作為軍刀使用。

033 犍陀刀

khanda

◆長度：110～150 cm
◆重量：1.6～2.0 kg
◆時代：17～19世紀
◆地區：印度

　　犍陀刀是17世紀印度的馬拉塔人使用的刀，特徵是略帶圓弧的刀身，以及柄首往上伸出的突出物；在同樣是馬拉塔族武器的法朗奇刀（見他項記載）上，也有這個突出物。此刀是與盾並用，馬拉塔人的裝備大多攻守兼備，如護手與劍一體成形的拳劍（見他項記載）或是在圓盾上加動物角的刺盾（見他項記載）等。

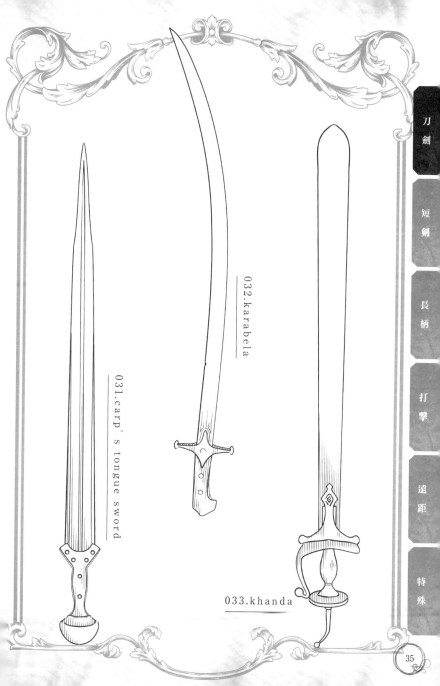

031.carp's tongue sword

032.karabela

033.khanda

034 坎比蘭刀

campilan,kampilan

◆長度：70～110 cm
◆重量：0.9～1.6kg
◆時代：16～20世紀
◆地區：東南亞

　　坎比蘭刀是婆羅洲其中一支原住民伊班族（Iban）所使用的刀，特徵為彎向刀刃側的柄頭，據說這可能是蘇祿群島的摩洛人使用的巴龍刀（見他項記載）的原型。以往伊班族有獵頭的風俗，就是用這種劍砍斷敵人的首級。到現在，菲律賓武術（Eskrima，或是 Arnis、kali）也都有練習此刀的用法。

035 土耳其軍刀

kiliji,kilig,Qillij

◆長度：80～90 cm
◆重量：1.1～1.5kg
◆時代：16～19世紀
◆地區：中東、近東／東歐

　　土耳其軍刀是 17 世紀流行於鄂圖曼土耳其與其周邊國家的彎刀，雖然是單刃，但也有一些將刀尖附近打造成稱為「亞曼」（Yalman）的雙刃形式。大幅彎曲的刀身與同樣身為中東、近東刀類武器的波斯彎刀（見他項記載）的樣式相同。爾後，帝俄時期的哥薩克兵也開始使用此刀，並普及到南俄或烏克蘭等地區。

036 爪哇長柄刀

kudi tranchang

◆長度：60～70 cm
◆重量：1.5～1.7kg
◆時代：15～20世紀
◆地區：東南亞

　　爪哇長柄刀是爪哇或馬來西亞所使用的一種形狀獨特的刀，大多是呈S形彎曲，另外也有形狀像鳥頭，或是刀峰有小小的刀刃突出的刀，也有一些會在刀身上刻龍之類的圖案。與刀刃部分相比，木製的刀柄相當長。這是一種用途廣泛的刀，也可以利用其獨特的形狀，拿來當工具使用。

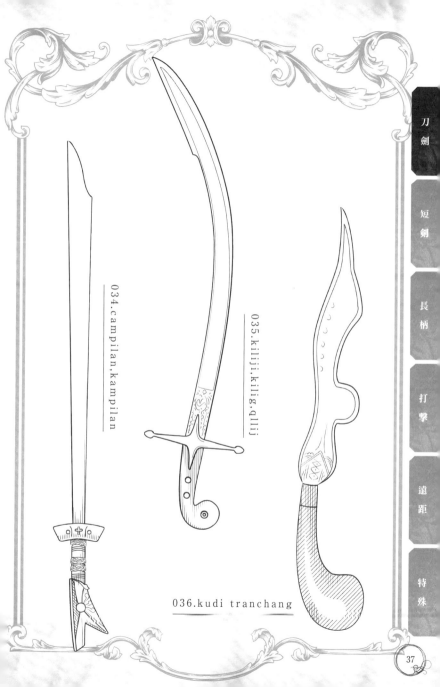

034.campilan.kampilan

035.kilij.kilig.qllij

036.kudi tranchang

037　達荷美古巴沙刀

gubasa

◆長度：70〜80cm
◆重量：1.1〜1.3kg
◆時代：17〜20世紀
◆地區：西非

達荷美古巴沙刀是17世紀於非洲貝南南南部成立的達荷美王國所使用的刀，只有王國中官職崇高的人可以擁有。大多數的古巴沙刀，刀身都有裝飾性的鏤空雕刻，這些裝飾的花紋是基於他們所信仰的約魯巴神話，用以向創造主瑪烏‧利沙（Mauw Lisa）祈求，希望刀能得到鐵神的護佑。

038　克雷旺刀

klewang,lamang

◆長度：70〜80cm
◆重量：0.9〜1.1kg
◆時代：15〜20世紀
◆地區：東南亞

克雷旺刀主要是居住於印尼西里伯斯島北部平原的聯合部族，利瑪‧帕哈啦人所使用的刀，印尼或蘇門答臘也有同樣的刀類武器分布。特徵是巨大的柄首，這不但可以和刀身的重量取得平衡，也能吸收劈砍的反作用力，柄首有各式各樣的形狀。這種刀除了當武器以外，也廣泛用在其他用途。

039　黑作大刀

kurozukurinotachi

◆長度：70〜80cm
◆重量：0.7〜0.8kg
◆時代：奈良
◆地區：日本

黑作大刀摒除了華麗的裝飾，是一把實戰指向的太刀。刀柄或刀鐔等用鐵或銅簡單裝飾，刀鞘則是包上皮革之後，在上面塗黑漆來加以補強。塗漆的刀成為武人的象徵，即使在刀背彎曲的雙手太刀成為主流之後，也以「黑漆太刀拵※」的形式流傳下來。據說德川家康也愛用塗黑漆的簡樸刀裝。

※譯註：「拵」是日本刀的術語，日本刀刀裝的各個配件常以一種特定的組合，形成一種固定的模式，稱為「拵」。

刀劍
短劍
長柄
打擊
遠距
特殊

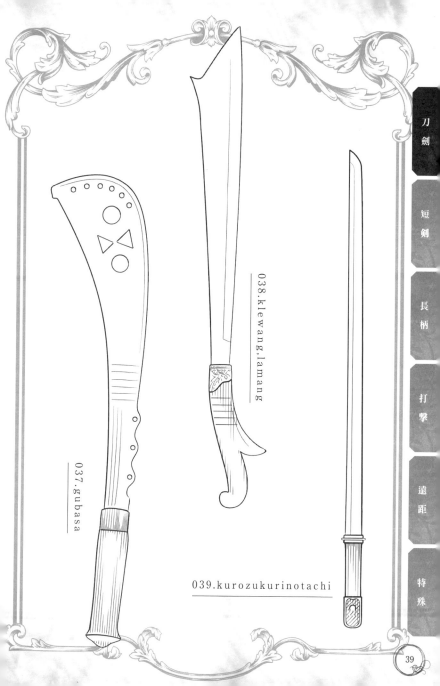

037.gubasa

038.klewang,lamang

039.kurozukurinotachi

040 劍

ken, jian

◆長度：70～140cm
◆重量：0.7～2.5kg
◆時代：商～清
◆地區：中國

　劍是中國雙刃直式刀劍武器的總稱，也是最古老的武器，商代的遺跡有挖掘出青銅製的劍。劍被視為比單刃的刀更高級的武器，受到文官或道士的喜愛，漢代最為流行。當中有分柔軟的軟劍與堅硬的硬劍，大的甚至可以背在背上，輕型的女子也能輕易使用。

041 小烏

kogarasu

◆長度：100cm
◆重量：0.8kg
◆時代：奈良
◆地區：日本

　小烏是日本最古老的刀匠之一「天國」所作的刀，是在日本刀擁有自己獨特的形狀之前的過渡期所產生的刀，刀尖到刀的中段左右是雙刃。這把刀是日本天皇家系之一的平家的傳家之寶，原以為在壇之浦會戰（1185年）中遺失，爾後為人尋得，將其獻給明治天皇。

042 吳鉤

gokou, wugou

◆長度：80～100cm
◆重量：0.7～1.9kg
◆時代：春秋戰國～清
◆地區：中國

　吳鉤是中國春秋時代的吳王所打造的曲刀，刀身與刀柄都有彎曲，刀身很寬，適合用來劈砍。因為吳地草叢或矮樹密集，曲刀作為用來將其劈開的山刀，十分盛行，比直刀還受重視。另外，海戰好像也是用曲刀比較方便。

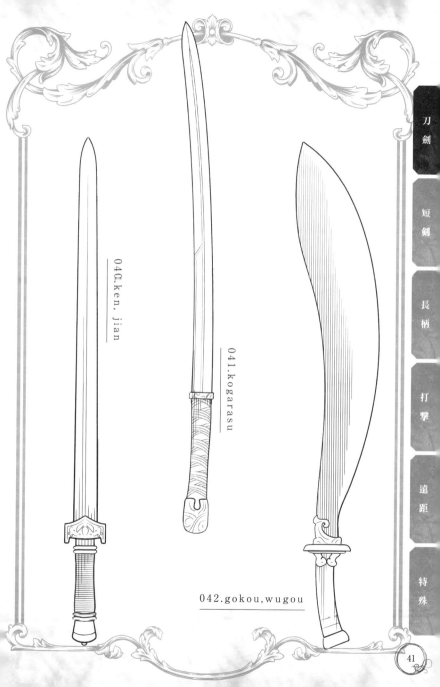

040.ken,jian

041.kogarasu

042.gokou,wugou

刀
劍

短
劍

長
柄

打
擊

遠
距

特
殊

043 古埃及鐮劍

kopsh, khopesh

◆長度：40～60 cm
◆重量：0.8～1.2 kg
◆時代：20 B.C.～10 B.C.
◆地區：中東、近東

　　古埃及鐮劍是一種 S 形的劍，雖然劍身像鐮刀一樣，但彎曲的外側也有刃，是古埃及所使用的武器，當時配合拿盾使用。有一些鐮劍的前端鈍圓，從這點來看，這可能是像柴刀一樣專門用來削砍的武器。古代美索不達米亞有一把形狀幾乎相同的劍「亞述鐮劍」（見他項記載）。

044 希臘鉤刀

kopis

◆長度：50～60 cm
◆重量：0.8～1.0 kg
◆時代：10 B.C.～2 B.C.
◆地區：古希臘

　　希臘鉤刀是西元前的希臘所使用的彎刀，語源是來自希臘文的「kopto」（切），而這把刀的構造也正如其名，適合用來切砍。刀刃在彎曲的刀身內側，隨著時代進展，尖端附近的刃幅逐漸變大，切割力也越來越強大。後來透過腓尼基人傳至其他國家，推廣到地中海全區。

045 尼泊爾雲頭刀

kora, cora, khora

◆長度：70 cm
◆重量：1.4 kg
◆時代：9～19 世紀
◆地區：尼泊爾

　　雲頭刀是 9～10 世紀在尼泊爾誕生的曲刀，高地民族使用，據說刀刃的形狀是受到希臘鉤刀（見他項記載）的影響。刀的前端極具重量，與其說是刀，不如說比較接近斧頭或鈍器，擁有強大的威力，能連同對手的防具或刀劍一起砍掉。如此強大的高地民族戰士，後來被英國人徵調從軍，人稱廓爾喀部隊。他們擅長近身肉搏，到了近代也還是用刀劍做為武器。

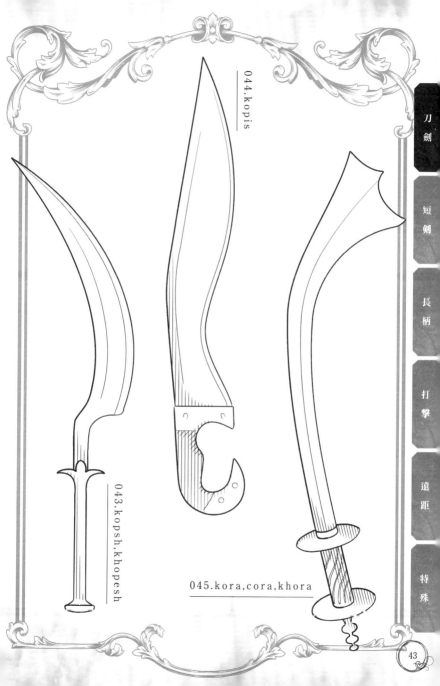

044.kopis

043.kopsh.khopesh

045.kora,cora,khora

短劍

長柄

打擊

遠距

特殊

刀劍

短劍

長柄

打擊

遠距

特殊

046 克里希馬德禮劍

colichemarde

◆長度：70～100 cm
◆重量：0.8～1.0 kg
◆時代：17～18 世紀
◆地區：西歐

克里希馬德禮劍是誕生於法國的刺擊專用單手劍，步兵拿的穿甲劍（見他項記載）等刺擊用劍，雖然是殺傷力強大的武器，不過那是得用雙手拿的重武器。克里希馬德禮劍則是參考可以單手任意使用的決鬥用劍製造而成的武器，將劍身的根部到劍尖打造得更細，藉此減輕重量，劍柄也改成更適合單手拿的形狀。

047 阿拉伯彎刀

saif, sayf

◆長度：75～95 cm
◆重量：1.2～1.8 kg
◆時代：13～19 世紀
◆地區：中東、近東

阿拉伯彎刀是阿拉伯的刀類武器，特徵與土耳其或波斯的彎刀極為相似，像是單手持刀、刀身彎曲、十字形的護手，以及彎曲的刀柄與彎向刀刃側的柄頭等都是。「saif」這一詞泛指所有的刀類武器，一般會再加上一個詞來加以區分，例如「saif ani」是鐵刀，「saif furad」指的是鋼鐵製的刀。

048 邁錫尼短劍

xiphos

◆長度：35～60 cm
◆重量：1.2～1.7 kg
◆時代：15 B.C.～3 B.C.
◆地區：古希臘

邁錫尼短劍指的是劍刃中央向外突出，劍根向內縮的雙刃直劍，劍格不寬，劍首是扁平的圓形，整體為青銅製。發源自古代的邁錫尼文明，人類持續使用了一段極長的期間。古希臘時代也稱為「phasganon」（帕斯加農），泛指所有的刀劍。

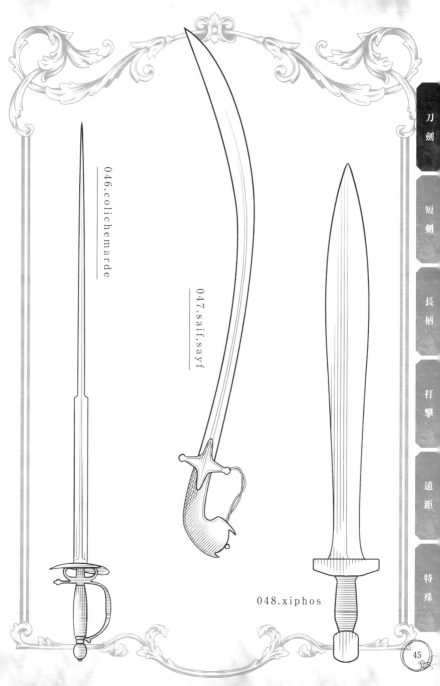

046.colichemarde

047.saif.sayf

048.xiphos

短劍

長柄

打擊

遠距

特殊

刀劍
短劍
長柄
打擊
遠距
特殊

049 亞述鐮劍

sapara

◆長度：70～80 cm
◆重量：1.8～2.0 kg
◆時代：16 B.C.～7 B.C.
◆地區：中東、近東

　　亞述鐮劍是古亞述帝國所使用的單刃刀劍武器，以青銅一體成形製造，劍身從一半的地方開始彎曲，形狀像鐮刀一樣，只不過劍刃在劍身圓弧的外側。劍柄中間的地方凹縮，沒有劍格。亞述鐮劍是這種形狀的鐮劍（sickle sword）中最古老的劍。

050 勝利之劍

zafar takieh

◆長度：40～60 cm
◆重量：0.6～0.8 kg
◆時代：15～18 世紀
◆地區：印度

　　勝利之劍是印度貴族在參加儀式等活動時所攜帶的劍，收在劍鞘中時，外表就像一把杖一樣，劍身細長，有單刃也有雙刃，特徵是柄首呈 T 形。原型是蒙兀兒帝國的統治者用來防身，外表如拐杖的劍「密杖劍」（gupti aga），兩者的形狀幾乎完全相同。

051 薩拉瓦短刀

salawar

◆長度：50～90 cm
◆重量：0.6～1.0 kg
◆時代：14～20 世紀
◆地區：南亞

　　薩拉瓦刀是連接巴基斯坦與阿富汗的開伯爾山口周圍部族所使用的單手刀，也稱為開伯爾小刀，是一種單刃的直刀，刀身呈銳角三角形，刀刃與刀柄的形狀與菜刀的柳刃刀非常相似。由於開伯爾山口是眾多民族往來的地點，所以這種刀也影響了蒙兀兒帝國等其他國家的刀劍形態。

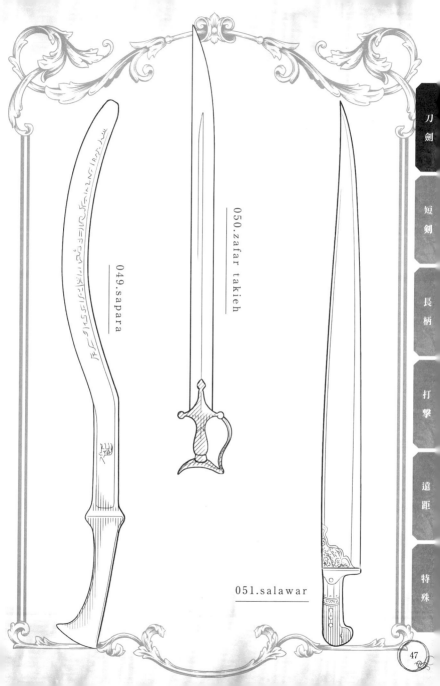

049.sapara

050.zafar takieh

051.salawar

052 七支刀

shichishitou

◆長度：83.9 cm
◆重量：1.2 kg
◆時代：年代不詳
◆地區：日本

　七支刀是日本自古相傳的儀式用刀，日本將其奉為國寶，安放於石上神宮。刀身為鐵製，左右各延伸出三把枝刀，由於沒有發現刀鞘或刀鐔，因而有段時期稱為「六叉之矛」代代相傳。刀身背後所鏤刻的文字大多無法判讀，不知是何時製造、又為何而造，有很多不解之謎。

053 恰西克馬刀

shashqa,chacheka

◆長度：80～100 cm
◆重量：0.9～1.1 kg
◆時代：17～20世紀
◆地區：東歐

　恰西克馬刀是高加索地區的切爾克斯人所製造的刀類武器，刀身微微背彎，單刃，只有峰尖的部分是雙刃，木製刀柄，柄首巨大，沒有護手。由於19世紀帝俄征服了高加索地區，使得俄羅斯帝國的軍隊也開始使用這種刀，哥薩克騎兵在第二次世界大戰中也持續使用這種刀。

054 衣索匹亞鉤劍

shotel

◆長度：75～100 cm
◆重量：1.4～1.6 kg
◆時代：17～19世紀
◆地區：北非

　衣索匹亞鉤劍是17世紀左右開始出現在衣索匹亞的雙刃劍，劍身極為彎曲，甚至有S字形或接近半圓形的。劍柄為木製，沒有劍格。這種獨特的形狀是為了越過對手的防盾加以攻擊而設計，也可以有效將馬上的敵人拖下來。不過，缺點是無法收入鞘中，很占空間。

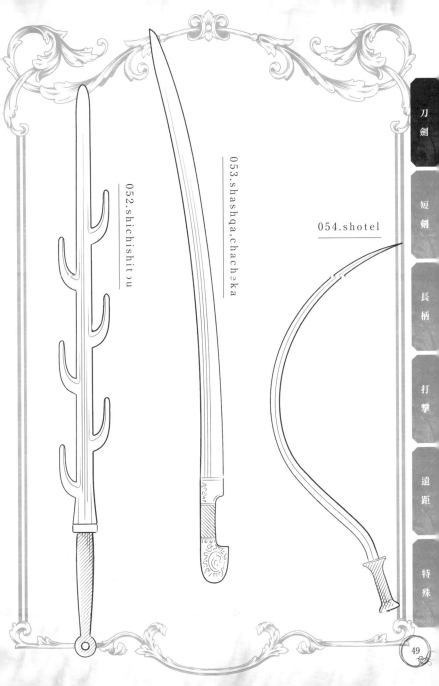

052.shichishitɔu

053.shashqa.chachɜka

054.shotel

055 西式短劍

short sword

◆長度：70～80 cm
◆重量：0.8～1.8 kg
◆時代：14～16世紀
◆地區：西歐

西式短劍是歐洲步兵所使用的單手劍之總稱，由於騎兵所使用的單手劍稱為西洋長劍（見他項記載），使用此名稱是與其相對而言，與實際的長度沒有關係。一般的特徵是堅固、銳利等。英國因為使用重裝步兵的的戰術發達，十分重視這種短劍。

056 斯拉夫闊劍

schiavona

◆長度：70～85 cm
◆重量：1.5～1.7 kg
◆時代：16～18世紀
◆地區：西歐

斯拉夫闊劍是威尼斯共和國元首的親衛隊所佩帶的劍，由於親衛隊是由斯拉夫人所構成，所以英文劍名「schiavona」的意思是「斯拉夫的」。劍刃的形狀與闊劍（見他項記載）幾乎相同，但最大的特徵在於劍柄，護手呈籠狀包覆手指與手掌。柄首有二個像貓耳一樣的突起與花朵圖案。

057 撒克遜砍刀

scramasax,scramma scax

◆長度：50～70 cm
◆重量：0.6～0.8 kg
◆時代：6～11世紀
◆地區：歐洲

撒克遜砍刀是從北歐傳到歐洲的單刀直刀，是將撒克遜小刀加大，專門用來戰鬥的刀，因此刀尖非常銳利。其刀尖也極具特色，與大部分的刀相反，斜邊在刀刃的反側。「sax」指的是「刀劍」或者是「小刀」，「scrama」是「小型的」或「會讓人受傷」的意思。

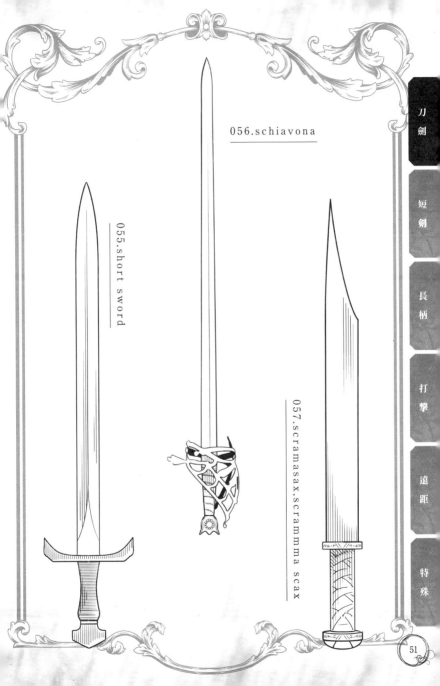

056.schiavona

055.short sword

057.scramasax,scramma scax

短剣

長柄

打撃

遠距

特殊

058 禮劍

small sword

◆長度：60～70 cm
◆重量：0.5～0.7 kg
◆時代：17～20世紀
◆地區：西歐

　禮劍是17世紀以後歐洲人使用的單手輕劍，是西洋劍（見他項記載）的縮小版，流行用來當作貴族或紳士的裝飾用劍。18世紀以後，流行在劍上鑲嵌金銀或寶石等物品，將劍裝飾得很華美。此外，還出現了一種從護手延伸出複雜的金屬曲線環繞握劍指掌的劍柄，名為花式劍柄（swept hilt）。

059 馬賽闊頭短劍

seme

◆長度：50～65 cm
◆重量：0.6～0.8 kg
◆時代：17～20世紀
◆地區：南非

　馬賽闊頭短劍是非洲熱帶莽原的馬賽人所使用的雙刃直劍，劍身從劍根往劍尖逐漸變寬，其特徵是為了增加強度，劍身中央有山狀隆起的劍脊。沒有劍格或劍首，劍柄簡樸地用防滑的皮繩包捲。這種劍也用來當作生活上的山刀使用，類似的刀劍武器有馬賽闊頭劍（見他項記載）。

060 印度葉形鉤刀

sosun patta

◆長度：80～100 cm
◆重量：1.2～1.5 kg
◆時代：8～19世紀
◆地區：印度

　印度葉形鉤刀是印度的拉其普特族所使用的單刃刀類武器，刀身呈「＜」字形彎曲，刀刃在彎曲的內側。刀尖加工成雙刃，十分銳利，無論是戳刺或劈砍都很好用，這種刀使用了極長的一段時期。原型應該是古希臘的希臘鉤刀（見他項記載），「sosun patta」是梵文「百合之葉」的意思。

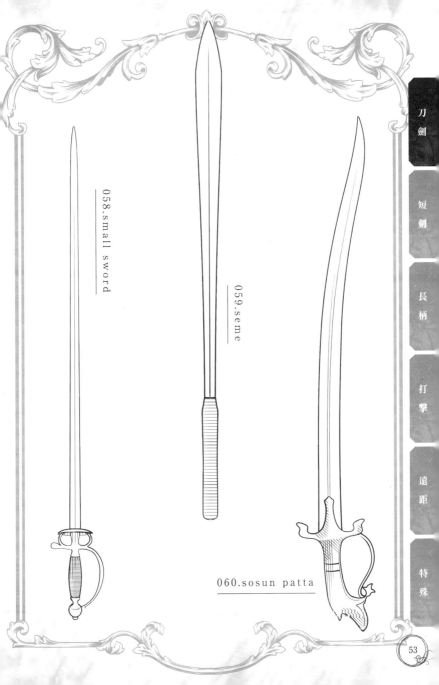

058.small sword

059.seme

060.sosun patta

刀劍

短劍

長柄

打擊

遠距

特殊

061 緬甸刀

dha

◆長度：80〜90 cm
◆重量：0.9〜1.0 kg
◆時代：16〜20世紀
◆地區：東南亞

緬甸刀是緬甸所使用的單刃刀類武器，刀身略微反彎，形狀像沒有刀鐔的日本刀。刀身的側面有雕刻或裝飾，刀柄也十分華麗，像是在木頭或象牙刀柄上包覆白金，或是刻浮雕。刀鞘製作得比實際的刀身長，有一些刀鞘尖端彎曲，但這似乎也是裝飾性質。

062 達歐（阿薩姆）

dao

◆長度：100〜130 cm
◆重量：3.0〜4.0 kg
◆時代：15〜20世紀
◆地區：南亞

阿薩姆樣式的達歐劍，是居住於印度阿薩姆丘陵地區的卡西族所使用的雙刃直劍，又長又巨大，要用雙手使用。這把劍的特徵是有二個劍格，一個連接劍柄與一般的劍相同，但另一個卻是在劍身中央。整體與歐洲的日耳曼雙手大劍（見他項記載）的構造相似，但不知是否有關聯。

063 達歐（那伽）

dao

◆長度：50〜80 cm
◆重量：0.7〜1.0 kg
◆時代：16〜20世紀
◆地區：南亞／東南亞

那伽樣式的達歐刀是印度的那伽各部落或景頗族所使用的單手刀，雖然刀背筆直，但刀刃微呈現波浪狀。刀尖四方，刀身看起來是歪曲的長方形。刀柄為木製，沒有護手，外表與阿薩姆樣式的達歐似乎沒有共同點。戰爭時用來狩獵其他部落的人頭，平常卻是當作一般的柴刀，生活上也會使用。

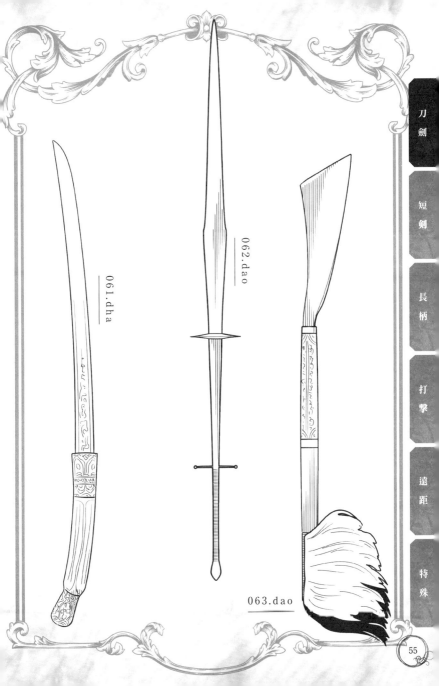

061.dha

062.dao

063.dao

064 塔里本刀

talibon

- ◆長度：50～65cm
- ◆重量：0.25～0.4kg
- ◆時代：19～20世紀
- ◆地區：南亞／東南亞

塔里本刀是菲律賓的基督教集團在革命時使用的單刃刀，原本是日常當作柴刀在使用的刀。刀身中央寬闊，越往刀尖越細，刀柄朝刀刃的方向大幅彎曲，藉由手腕的力量，大大提升切割能力。相反地，這形狀也不太適合防禦。

065 塔瓦彎刀

talwar, tulwar, tarwar

- ◆長度：70～100cm
- ◆重量：1.4～1.8kg
- ◆時代：16～19世紀
- ◆地區：印度

塔瓦彎刀是16世紀誕生於印度的單刀曲刀，外形並無顯眼的特徵，刀身是像阿拉伯彎刀（見他項記載）或波斯彎刀（見他項記載）一樣普通的彎刀，附印度傳統樣式的刀柄。這種刀沒有什麼特別的個性，很容易使用，因此受到各種階級的廣泛喜愛，貴族或皇室所使用的塔瓦彎刀有豪華的雕刻或裝飾。

066 印度魚骨劍

chaqu

- ◆長度：70cm
- ◆重量：1.0kg
- ◆時代：16～17世紀
- ◆地區：印度

印度魚骨劍是印度所使用的一種形狀特殊的劍，從中央的劍身分出枝刃，像魚骨一樣左右對稱排列，歐洲的研究者因而稱之為「魚骨劍」（fish spine sword），其形狀就像歐洲的折劍匕首（見他項記載）一樣，是為了將敵人的劍夾在支刃之間扭轉折斷而設計的。

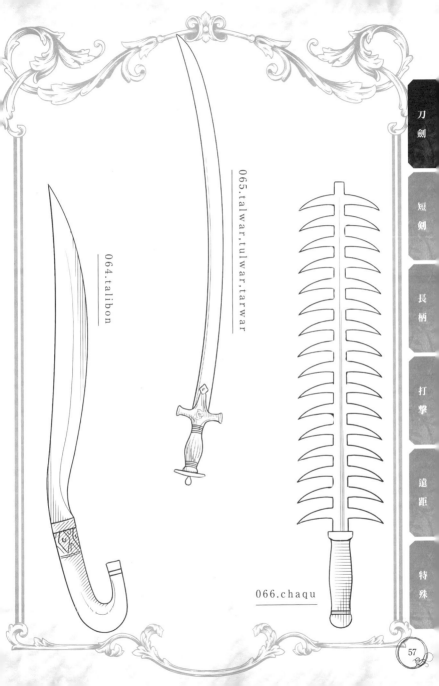

065.talwar.tulwar.tarwar

064.talibon

066.chaqu

067 直刀

chokutou,zhidao

◆長度：80～130 cm
◆重量：0.5～1.0 kg
◆時代：西漢～南宋
◆地區：中國

　　直刀誕生於西漢，是一種單刃刀背無反彎的刀。整體一體成形鑄造而成，刀柄包覆動物或鯊魚的皮。因為柄首呈環狀而稱為環首刀，此刀沒有護手。中國刀的刀鐔並不是用來防禦，而是為了防止截刺時手會往前滑，因此這種刀應該是用來劈砍用的刀。

068 日耳曼雙手大劍

zweihander

◆長度：200～280 cm
◆重量：3.5～9.0 kg
◆時代：13～17 世紀
◆地區：歐洲

　　日耳曼雙手大劍是 13 世紀德國所製造的雙手大劍（見他項記載）的一種。劍身有一段長長的無刃劍根，以及向兩旁伸出的突起，因為這獨特的形狀，在英語圈也用德文「Zweihander」（雙手拿的）來稱呼此劍。造型獨特，能在攻擊時用手握住，更好往前刺入，或抵擋對手的攻擊。而且，據說這種設計也更好背劍或將劍扛在肩上。

069 日本劍

tsurugi

◆長度：70～90 cm
◆重量：0.3～0.5 kg
◆時代：彌生～江戶
◆地區：日本

　　日本劍是古代日本的武器，以鑄造的方式製造的雙刃直劍，早期是青銅製，之後是鐵製。這種武器能劈砍也能截刺，是身分高貴的人使用的武器，然而很少出現在生活當中，只拿來當作靈性象徵祭祀，或是作為祭拜儀式的道具。日本三神器之一的草薙之劍就是這種劍的代表。

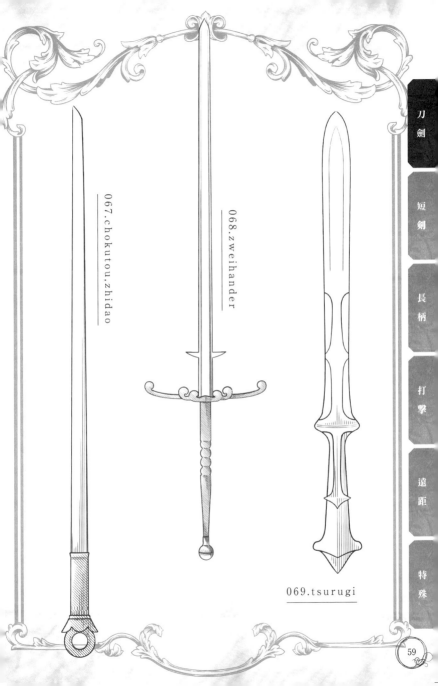

067.chokutou.zhidao

068.zweihander

069.tsurugi

刀劍

短劍

長柄

打擊

遠距

特殊

070 印度寬刃泰哈刀

tegha

◆長度：90～100 cm
◆重量：1.6～2.2 kg
◆時代：16～17世紀
◆地區：土耳其／印度／波斯

寬刃泰哈刀是土耳其的一種單手用彎刀，刀身到中間為止是筆直的單刃，之後越往前端彎曲幅度越大，只有刀尖部分是雙刃。這把蒙古傳來的刀，在土耳其的彎刀當中彎度最大，並普及到印度或波斯等周邊國家；土耳其很早就已廢棄，但印度和波斯則持續使用。

071 鯊齒劍

tebutje

◆長度：40～100 cm
◆重量：0.3～1.0 kg
◆時代：18～20世紀
◆地區：大洋洲

鯊齒劍是吉里巴斯群島所使用的原始刀劍武器，這把劍沒有使用金屬，鋸齒狀劍刃是用繩子將鯊魚的牙齒綁在木製的劍身所製成。沒有固定的大小或形狀，有側面也有綁牙齒的、彎曲的，甚至有劍身分為三叉的鯊齒劍。這種武器誕生的來龍去脈還沒有研究出來。

072 雙手大劍

two handed sword

◆長度：180～250 cm
◆重量：2.9～7.5 kg
◆時代：13～16世紀
◆地區：西歐

雙手大劍正如其名，就是用兩手使用之大劍的總稱。劍柄、劍格和劍身都既大且長，有的甚至跟身形高壯的男人身高差不多，拿的時候是扛在肩上或背在背上。德國或瑞士的傭兵喜歡使用，騎士也會用來當作決鬥武器。具有特色的戰鬥方式是砍掉長柄武器的柄，或是握住劍刃的部分，用劍柄或劍格重擊對手等。

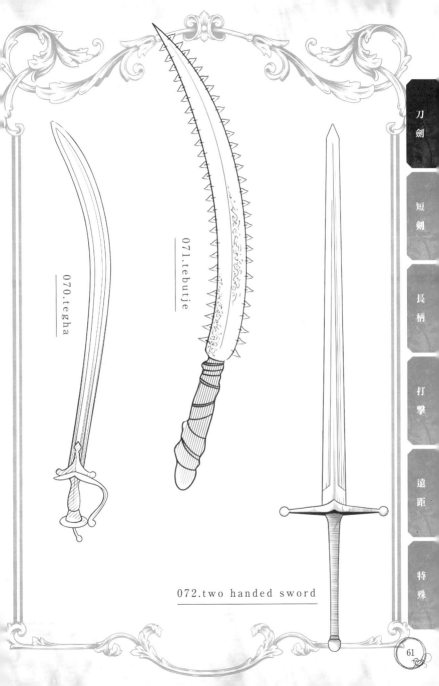

070.tegha

071.tebutje

072.two handed sword

073 杜薩克彎刀

dusack

◆長度：50～70 cm
◆重量：1.5～1.7 kg
◆時代：17世紀
◆地區：歐洲

　　杜薩克彎刀是16世紀誕生於波西米亞地區的單刃短彎刀，沒有刀鐔或柄首，外表看起來只有露出在外的刀身，造型非常簡樸。17世紀以後，軍隊也開始使用這種刀，發給士兵當作槍與刺刀都無法使用時的防身武器。歐洲的劍術指導書上，很多都有解說杜薩克彎刀的用法。

074 鈍頭大劍

two-hand fencing sword

◆長度：130～150 cm
◆重量：2.0～2.5 kg
◆時代：17世紀
◆地區：西歐

　　鈍頭大劍是17世紀歐洲使用的雙手劍，這種劍是用來練習使用雙手劍的，劍刃不是很鋒利，劍尖圓鈍。當時的劍術教科書或技術書籍上，除了記載細劍或短劍的技法，也有使用這種劍進行種種訓練的相關記述。

075 禮服佩劍

dress sword

◆長度：60～70 cm
◆重量：0.5～0.6 kg
◆時代：18～20世紀
◆地區：歐洲

　　禮服佩劍是歐洲宮廷貴族佩帶在腰上的劍，不只是單純的裝飾用，也會用來決鬥，劍身非常輕盈。當時的決鬥有一種獨特的規則，稱之為「劍的對話」（phrase d'armes），就是當對手擋下自己的攻擊之後，在接下對手的攻擊之前，不能進行下一輪攻擊，如此分出勝負的時間自然拉長，因而演變為好拿的劍。

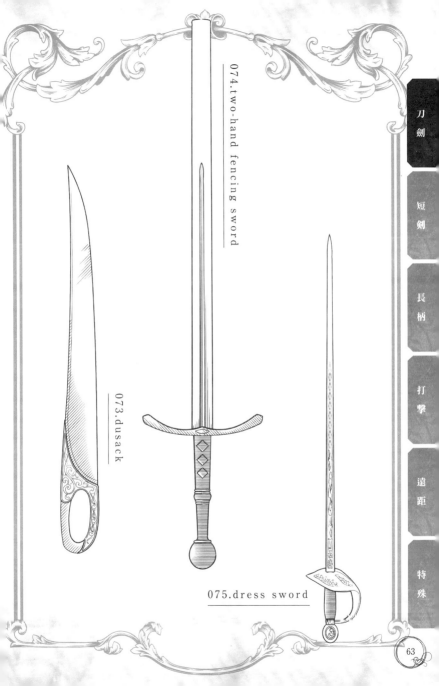

074.two-hand fencing sword

073.dusack

075.dress sword

076 伊薩瓢形短劍

nogodip

◆長度：50～65cm
◆重量：0.7～0.8kg
◆時代：17～19世紀
◆地區：北非

　　伊薩瓢形短劍是17世紀位於非洲剛果薩伊的布尚戈王國中，尼姆人所使用的劍。劍身的中央與根部向外凸出，呈窄葫蘆狀，有木製與金屬製二種。此劍也用於儀式上，由族長或權力與其相近者握在左手上，儀式用的伊薩瓢形短劍比戰鬥用的還大，並有複雜的裝飾。

077 達荷美哈威刀

hwi

◆長度：60～70cm
◆重量：0.8～0.9kg
◆時代：17～19世紀
◆地區：西非

　　達荷美哈威刀出自非洲貝南的達荷美王國，是高級女官所攜帶的刀。形狀極富變化，像是刀峰上帶鋸刀，或是刀尖有臉狀裝飾。此女官會在大臣與國王謁見時隨侍身旁，擔任記錄國王言詞的祕書官之職，在宮廷的地位比大臣還高，哈威刀也是其權威的象徵。

078 帕卡亞刀

pakayun

◆長度：70～90cm
◆重量：0.7～0.8kg
◆時代：18～20世紀
◆地區：東南亞

　　帕卡亞刀是馬來系的姆律（Murut）各族所使用的刀，柄首分成兩股是姆律各族獨特的形式，不過微微彎曲的刀柄或刀身的反彎與溝槽，都與歐洲的刀極為相似。據說這種形式的刀，是自古以來持續與汶萊王國交流、吸收歐洲文化的結果。

刀劍

短劍

長柄

打擊

遠距

特殊

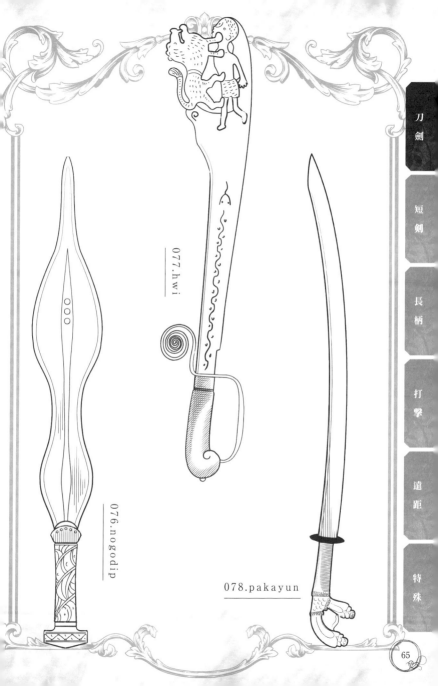

077.hwi

076.nogodip

078.pakayun

短劍

長柄

打擊

遠距

特殊

079 印度闊頭劍

pattisa

◆長度：110～130 cm
◆重量：1.5～1.8 kg
◆時代：17～18世紀
◆地區：印度

印度闊頭劍是印度中央與南部所使用的雙刃刀劍武器，外觀特徵明顯，劍身前端寬闊，越往劍根越窄細。劍尖沒有很銳利，不太適合戳刺，是適合用來劈砍的劍。劍格上有小小的鉤柄，藉此可以更容易接擋對手的劍。劍首有莖蔓狀的突出物。

080 海軍闊刃彎刀

badelaire

◆長度：50～60 cm
◆重量：1.2～1.5 kg
◆時代：16～17世紀
◆地區：西歐

水手用闊刃彎刀是16世紀左右西歐海軍使用的刀。刀刃微幅彎曲，刀身寬闊、刀尖銳利。為了在狹窄的船上使用而刀身較短，但重量很夠，適合用來斬切。特徵是護手尾端左右往相反方向捲，就像「Ｓ」橫擺的形狀，「badelaire」在法文中是「彎曲之刀」的意思。

081 直身軍刀

pallasch

◆長度：100～110 cm
◆重量：0.9～1.0 kg
◆時代：17～20世紀
◆地區：東歐

直身軍刀是騎兵用的一種單手刀，這是一把刀身寬，刀尖銳利的直刀，非常適合用來戳刺。廣泛使用於匈牙利或波蘭等東歐國家。波蘭的重騎兵是腰上掛著刀背反彎的軍刀，馬鞍上裝備直身軍刀。從這點可以看出，他們是因應各種局面，分別使用兩種刀。

刀劍

短劍

長柄

打擊

遠距

特殊

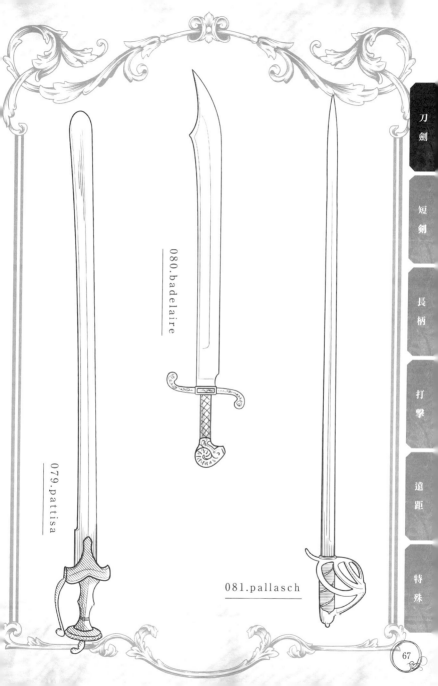

080.badelaire

079.pattisa

081.pallasch

短劍

長柄

打擊

遠距

特殊

刀劍

短劍

長柄

打擊

遠距

特殊

082 鐮劍

harpe

◆長度：40～50cm
◆重量：0.3～0.5kg
◆時代：7B.C.～3B.C.
◆地區：希臘

　　鐮劍是古代地中海地區所使用的武器，是一把劍身往內側彎曲，形狀像鐮刀一樣的刀劍武器。劍身與劍柄一體成形，劍柄為了方便握持而做成一段一段的形狀，鐮劍是用來勾住再割下，而擁有銳利的刀刃。最為人所知的是在希臘神話中，柏修斯用其砍下了梅杜沙的頭。

083 巴龍刀

barong

◆長度：30～60cm
◆重量：0.4～0.8kg
◆時代：14～20世紀
◆地區：東南亞

　　巴龍刀是東南亞，尤其是蘇祿群島的海巴夭族所使用的刀。刀身相當寬，一般是單刃，但也有從刀尖到三分之二處為雙刃的刀款。刀首像銀杏葉一樣往外開展防滑，朝向握柄的方向彎曲。在結構上有考慮到重心平衡，可以讓拿刀的人在使用時不會覺得重。

084 枕邊劍

pillow sword

◆長度：60～70cm
◆重量：0.5～0.6kg
◆時代：17～20世紀
◆地區：歐洲

　　枕邊劍是歐洲的皇族或貴族所使用的劍，劍如其名，是藏在床上或枕頭底下，以備就寢時受到襲擊時用來防身的劍。劍身很細，劍格大多是簡單的十字型，外表沒有什麼特徵的直劍，但因為持有者的身分高貴，因此劍上大多鑲嵌寶石或刻上徽章，裝飾得極為華美。

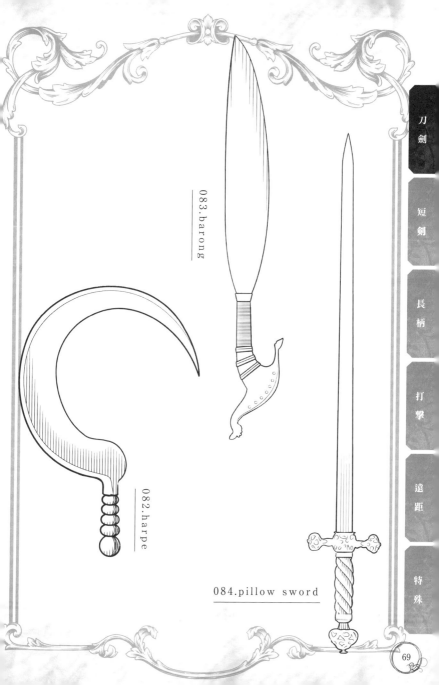

083.barong

082.harpe

084.pillow sword

短剣

長柄

打撃

遠距

特殊

085 西班牙鉤刀

falcata

◆長度：35～60cm
◆重量：0.5～1.2kg
◆時代：6B.C.～2A.D.
◆地區：古羅馬

西班牙鉤刀是古羅馬統治下的西班牙人所使用的單手刀，爾後羅馬軍也使用。這雖然是一種刀身往內側彎曲的單刃刀，但刀尖附近是雙刃，刀身的形狀應該有受到希臘鉤刀（見他項記載）或希臘短刀（見他項記載）的影響。刀首極具特色，形狀像鳥頭或馬頭一樣，往握柄的方向彎曲，也有一些刀款在刀鐔與刀首之間有鎖鏈相連。

086 達西亞鐮刀

falx

◆長度：120cm
◆重量：4kg
◆時代：1～2世紀
◆地區：古羅馬

達西亞鐮刀是居住於多瑙河下游的達西亞人所使用的雙手刀，整把刀是由金屬一體成形製作。刀身呈鐮狀彎曲，刀刃在內側，刀尖銳利。據說雖然羅馬再三侵略達西亞，但此刀的威力極大，不斷有羅馬兵被砍斷手臂，因此羅馬兵開始裝備金屬製的手甲。

087 法朗奇刀

firangi,phirangi,tarangi

◆長度：110～150cm
◆重量：1.6～2.0kg
◆時代：17～18世紀
◆地區：印度

法朗奇刀是印度馬拉塔人所使用的單手刀，一般是與圓盾一起裝配，雖然是單刃的直刀，但從刀尖到三分之一處為雙刃。杯形的刀首上有莖蔓狀突出物，並有護指與刀鐔相連，保護持刀的手。刀名「Firangi」意思是「外來的」，因形狀與歐洲的刀相似而如此稱呼。

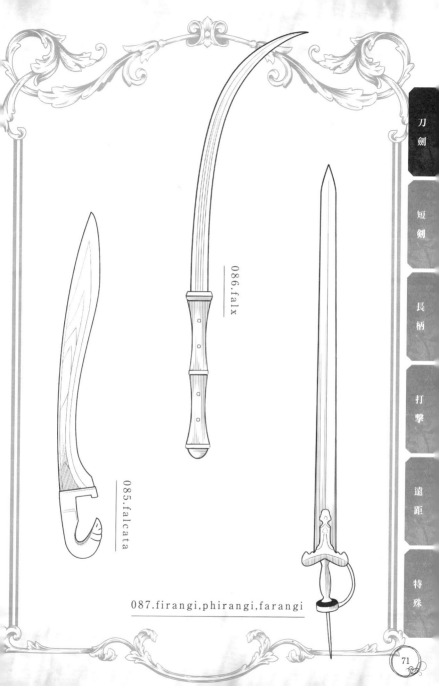

086.falx

085.falcata

087.firangi,phirangi,farangi

刀劍
短劍
長柄
打擊
遠距
特殊

088 闊刃大鉤刀
faussar,faussal,faus

◆長度：100～120cm
◆重量：3.0～4.0kg
◆時代：12～14世紀
◆地區：歐洲

　闊刃大鉤刀是歐洲的一種單手刀，是單刃的彎刀，其名稱是「彎曲物」的意思。這把刀沒有刀鐔，是一種像巨大柴刀一樣的武器，前端有尖銳鋒利的鋸齒狀凹口，也可以用這一側攻擊。以扛在肩上似的姿勢往下揮砍，這種攻擊方式力道強，據說也可以用來砍馬腳。

089 焰形劍
flamberg

◆長度：70～80cm
◆重量：0.8～0.9kg
◆時代：17～18世紀
◆地區：西歐

　焰形劍是德國的焰形雙手大劍（見他項記載），在德國是單手用的西洋劍（見他項記載）的一種。誕生的時間是焰形劍較早，據說焰形雙手大劍的原型。這種劍的特徵是雙刃像波浪一樣的劍身，但與其說是為了實用而下的功夫，不如說是裝飾性的意義比較大。

090 弗里沙刀
flissa,flyssa

◆長度：90～120cm
◆重量：1.4～1.8kg
◆時代：18～20世紀
◆地區：北非

　弗里沙刀是非洲阿爾及利亞東北部的柏柏爾系民族卡比勒人（Kabyle）所使用的單刃刀。這種刀整體都很窄細，刀尖非常銳利，刀身中央略寬，使得刀峰呈波浪狀弧線，因此也更加鋒利。沒有刀鐔，刀柄為金屬製，與刀身一體成形。類似的刀類武器有土耳其刀「亞特坎彎刀」。

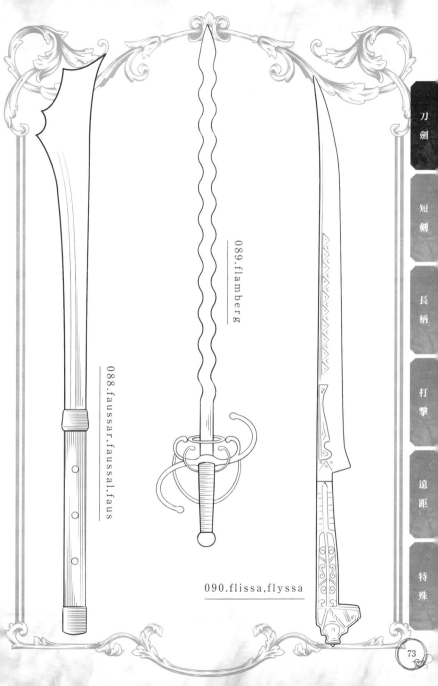

089.flamberg

088.faussar.faussal.faus

090.flissa,flyssa

噴火龍武器店倉庫の武器目錄

刀
劍

短
劍

長
柄

打
擊

遠
距

特
殊

091 鈍劍

fleuret

◆長度：100～110cm
◆重量：0.3～0.5kg
◆時代：17世紀～現代
◆地區：西歐

鈍劍從1630年代開始使用，是歐洲代表性的刺擊用劍，雙刃的劍身極細，大多數是碗形護手。當時劍術是貴族的一般教育項目，貴族常因練習而受傷。因此，從1750年左右開始，盛行使用劍刃較鈍、劍尖不尖銳的鈍劍來練習，這也成為現代擊劍的基礎。

092 普魯瓦彎刀

pulouar

◆長度：80～90cm
◆重量：1.2～1.6kg
◆時代：16～20世紀
◆地區：印度

普魯瓦彎刀是16世紀誕生於印度的彎刀，用來在馬上互相揮砍。雖然是單刃，但刀尖另行加工得像雙刃一樣，印度人稱其為「Pipla」。這種刀的特徵是刀鐔左右兩端朝向刀尖，柄首呈杯形，其上有突出物，刀鐔與刀柄是一體成形的金屬製，這樣的形式稱為旁遮普樣式。

093 貝達南柴刀

beidana

◆長度：50～75cm
◆重量：0.8～1.3kg
◆時代：15～18世紀
◆地區：西歐

貝達南柴刀是義大利農民所使用的單刃刀，形狀像柴刀一樣，原本是用來伐木的工具。長度大小不一，但共通點是刀柄全都10公分左右，單手拿取。過去阿爾卑斯山中央一帶起義的農民中，有一組人馬就是以貝達南為名號，這種刀對農民來說是非常熟悉的武器。

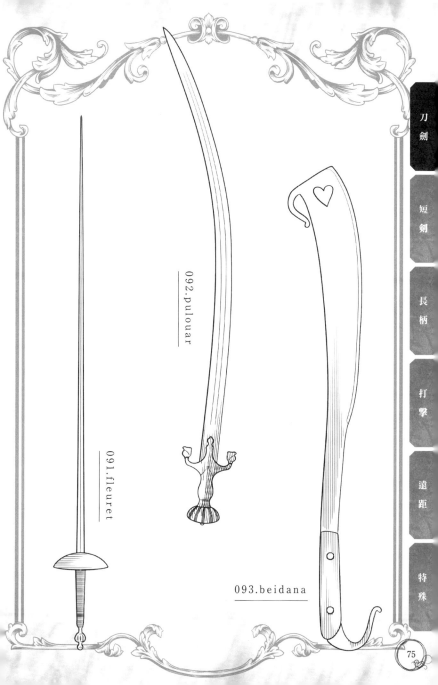

091.fleuret

092.pulouar

093.beidana

刀
劍

短
劍

長
柄

打
擊

遠
距

特
殊

094 貝卡托瓦劍

bekatwa

◆長度：15～90cm
◆重量：0.5～2.0kg
◆時代：11～20世紀
◆地區：南非

貝卡托瓦劍是非洲古紹納王國的後裔紹納人所使用的雙刃直劍，劍尖像錐子一樣尖細銳利。劍柄或劍鞘為木製，也有用繩子編織而成的。也有以同樣方式製作的短劍，像這樣的刀劍武器，似乎全都稱為貝卡托瓦劍。紹納族是擁有漫長戰鬥正史的部族，他們所使用的劍非常適合實戰使用。

095 朴刀

bokutou,pudao

◆長度：60～150cm
◆重量：1.5～5.0kg
◆時代：宋～清
◆地區：中國

朴刀是宋代的一種刀，據說原本是將偃月刀的刀柄縮短而製造出來的。這是一種極重的彎刀，須用兩手揮砍，大多都很簡樸，沒有刀鐔或刀首。以往大多是農民起義等情況時，平民用來當作武器使用的刀。清朝「太平天國之亂」時，太平天國使用的就是這種刀，因而又稱作太平刀。

096 希臘短刀

machaira,makhaira

◆長度：50～60cm
◆重量：1.1～1.2kg
◆時代：15B.C.～2B.C.
◆地區：古希臘

希臘短刀是古希臘的士兵所使用的，具有代表性的單手刀，整體為金屬製。這是一種單刀的彎刀，刀刃呈「く」字形彎曲，刀尖十分銳利。單手或雙手使用皆可，也會用來在馬上與人互相揮砍，泛用性極高。據說古羅馬的刀「西班牙鉤刀」（見他項記載）就是源自於此刀。

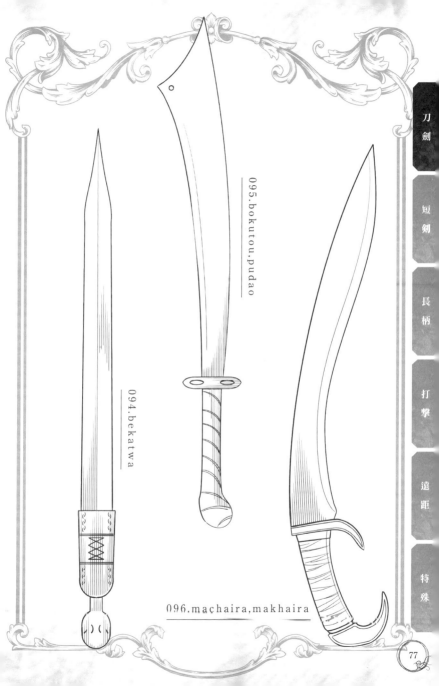

095.bokutou.pudao

094.bekatwa

096.machaira,makhaira

短劍

長柄

打擊

遠距

特殊

097 阿茲特克黑曜石鋸劍
macuahuitl

◆長度：70～100 cm
◆重量：1.0～1.5 kg
◆時代：12～16世紀
◆地區：南美

　　阿茲特克黑曜石鋸劍是阿茲特克人所使用的劍，「Macuahuitl」是加勒比地區的泰諾人所使用的泰諾語，指的是「刀劍」，這種劍是木製劍身，上面嵌了一排將黑曜石磨得很銳利的刃。劍頭四方，沒有劍尖，劍柄約占整體的四分之一左右，有用單手也有用雙手持劍，柄頭是環形，有些上面會有防止掉落的繩子。

098 巴庫夫闊劍
mbombaan

◆長度：100～120 cm
◆重量：1.8～2.2 kg
◆時代：17～19世紀
◆地區：中非

　　巴庫夫闊劍是非洲布尚戈王國的巴庫夫族或尼姆族所使用的青銅劍。雙面有刃，劍尖細長，劍身裝飾性地刻了數道溝。這是一種劍幅非常寬的劍，劍柄也很長，是巴庫夫族的刀劍武器中體型最大的。這把劍用在儀式上，規定族長或地位僅次於族長的人拿在右手。

099 阿贊德鐮狀鉤刀
mambeli

◆長度：80～110 cm
◆重量：1.5～2.2 kg
◆時代：17～20世紀
◆地區：北非

　　阿贊德鐮狀鉤刀是非洲蘇丹的阿贊德族或薩伊的波亞族（Boa）所使用的刀，形狀獨特，像是在彎刀的前端又接了一把刀刃的模樣，有些前端呈斧頭狀，或附有鉤爪，刀刃的根部有一個代替刀鐔保護手指的突狀物。其獨特的形狀，據說是為了勾住敵人的盾牌翻扣下來，或是越過盾牌攻擊敵人。

刀劍

短劍

長柄

打擊

遠距

特殊

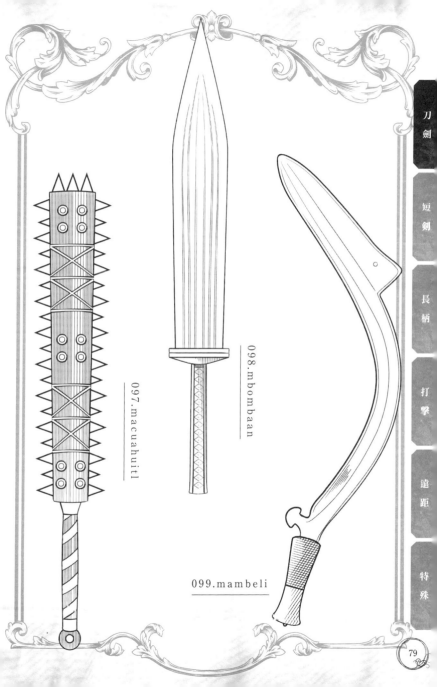

097.macuahuitl

098.mbombaan

099.mambeli

刀劍

短劍

長柄

打擊

遠距

特殊

100 馬來獵頭刀

mandau

◆長度：60～90 cm
◆重量：0.7～1.2 kg
◆時代：16?～20世紀
◆地區：東南亞

　　馬來獵頭刀是婆羅洲的原住民中比達友族所使用的刀，刀尖的部分是雙刃，刀背微帶反彎，刀柄是極具特色的鉤型，兼具止滑的功能，刀首有毛繐。「mandau」是「獵頭」的意思，大型的馬來獵頭刀正如其名，是在打倒敵人後，用來割下敵人首級之用。另外，除了戰鬥以外，在生活上也拿來當柴刀使用。

101 三叉拳劍

manople

◆長度：60～100 cm
◆重量：2.2～2.5 kg
◆時代：14～15世紀
◆地區：西北非

　　三叉拳劍是西北非的伊斯蘭教徒摩爾人所使用的劍，劍身與鐵手套一體成形，像帕塔劍（見他項記載）一樣，套在手上使用，鐵手套一穿戴上去就會把整個手腕覆蓋住。劍身從手甲中央延伸出去，左右各伸出一個小小的劍刃，而且大約在手掌上方處有附鉤爪。這雖然是很強大的武器，但因為很難掌控，所以沒有一直延續使用。

102 印度雙手刺劍

mel puttah bemoh

◆長度：150～170 cm
◆重量：2.1～2.5 kg
◆時代：17～18世紀
◆地區：印度

　　印度雙手刺劍是印度南部所使用的一種既長且大的雙手劍，以雙手劍來說劍身相當細，因而加重劍首重量以調整重心平衡。劍柄的首尾各有一道劍格，這也是為了便於戳刺攻擊而設計。據說這種劍實際上威力十分強大，可以輕易貫穿鎖甲，將騎兵連同馬匹一起刺死。

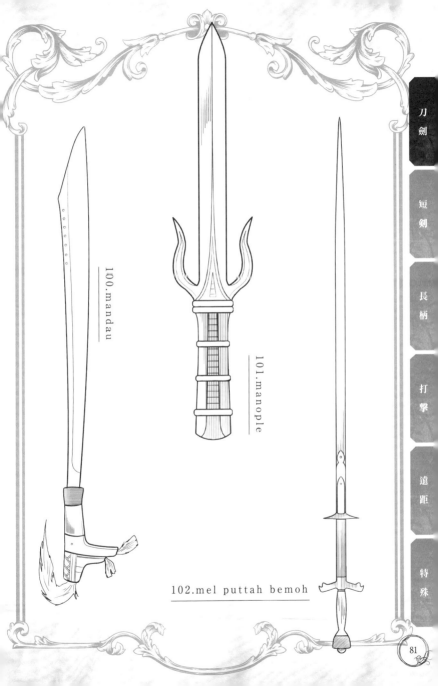

100.mandau

101.manople

102.mel puttah bemoh

短劍

長柄

打擊

遠距

特殊

103 尼泊爾犀牛大刀

ram da'o

◆長度：90～100cm
◆重量：2.5～3.0kg
◆時代：16～20世紀
◆地區：南亞

尼泊爾犀牛大刀是尼泊爾或印度北部裡，形似柴刀或斧頭的刀類武器，用來在儀式上宰殺活祭的動物。為了能一刀確實砍下首級，所以刀身極重，重量集中在前端。不同地區的刀身上有不同的裝飾，如金銀嵌花的鑲嵌或塗色等，共通點是前方的刀身兩側都刻有眼睛圖案。

104 西洋長劍（前期）

long sword

◆長度：80～90cm
◆重量：1.5～2.0kg
◆時代：11～14世紀
◆地區：西歐

西洋長劍（前期）是西方的長劍，狹義來說，指的是11世紀左右在歐洲誕生的單手劍，以維京劍為原型，以劍身的形狀提升了劍的強度這一點來說，兩者幾乎是相同的。這種劍的其中一個特徵是與劍身垂直往外伸出的棒狀護手，藉由這個「十字護手」，劍開始被視為神聖的武器。

105 西洋長劍（後期）

long sword

◆長度：80～100cm
◆重量：1.5～2.5kg
◆時代：14～16世紀
◆地區：西歐

鍛造精鋼的技術產生，劍的強度提升之後，西洋長劍的劍身變得比原有的更薄更細長，截刺開始變得具有威力。此外，也在護手的側面加上金屬環，用來保護持劍的手，或是輔助持劍。為了更輕盈易使而設計的種種巧思，應該是因為騎兵戰盛行，以此為考量的結果。

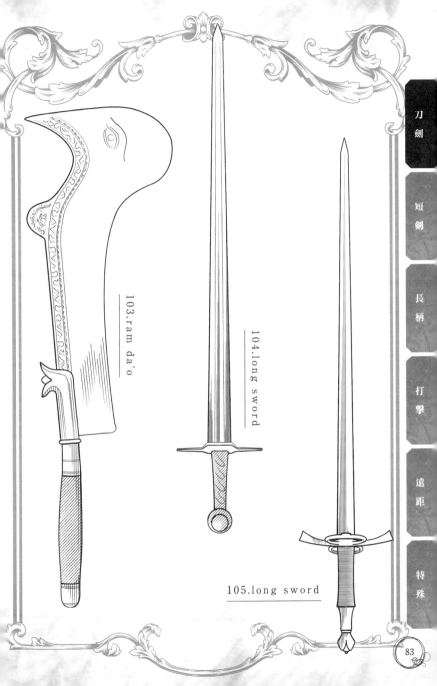

103.ram da'o

104.long sword

105.long sword

刀
劍

短
劍

長
柄

打
擊

遠
距

特
殊

106 脇差

wakizashi

◆長度：40～70cm
◆重量：0.4～0.7kg
◆時代：室町～江戶
◆地區：日本

　脇差是日本室町時代後期開始普及的短刀，江戶時代的武士固定會在腰上同時插打刀（見他項記載）與脇差。這種時候，打刀稱為大刀，脇差稱為小刀。單只有脇差，不分身分性別都可以攜帶，而且打刀不隨身攜帶的機會很多，所以脇差極為重要。

107 蕨手刀

warabitetou

◆長度：25～70cm
◆重量：0.1～1.0kg
◆時代：古墳～平安
◆地區：日本

　蕨手刀是古代日本所使用的刀，刀首正如其名，就像蕨類植物一樣彎曲，刀柄彎向刀峰側，據說這個模樣是毛拔型太刀（見他項記載）的原型。日本全國各地都能挖掘到這種刀，其中有八成是在北海道或東北出土。各地區的蕨手刀形狀有些微差異，像是關東或中部地區的刀刃較短、前端尖銳等。

108 瓦隆劍

walloon sword

◆長度：60～70cm
◆重量：1.2～1.4kg
◆時代：16～17世紀
◆地區：西歐

　瓦隆劍是17世紀左右比利時的瓦隆人所使用的劍，劍的護手十分有特色，稱為貝狀護手，這種護手由二個部分構成，一個是大幅往握劍的手掌方向延伸，連接到劍首的棒狀部分，另一個是像展開的二片貝殼一樣的板狀部分，藉此提高對指掌的防護。除此之外，也有一些是貝殼的內側有附一個環，能讓大拇指勾住等，讓手與劍能緊密結合的設計。

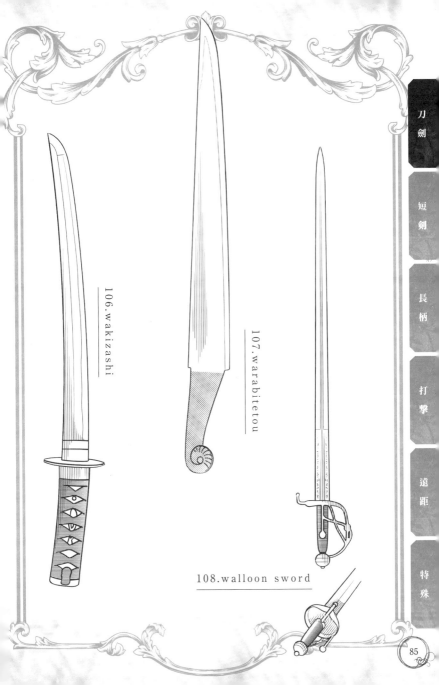

106.wakizashi

107.warabitetou

108.walloon sword

短劍

長柄

打擊

遠距

特殊

刀劍圖解

刀劍整體

Sword

① 劍柄、刀柄（hilt）
② 劍身、刀身（blade）
③ 劍首、刀首、劍墩、柄頭（pommel）
④ 莖、握柄、握把（grip）
⑤ 格、鐔、護手（guard）

（附護指的劍柄）
西洋花式劍柄

Swept Hilt

Ⓐ 護指（knuckle guard）
Ⓑ 輔助護指（counter guard）
Ⓒ 下部護手（arms of hilt）
Ⓓ 劍身、刀身（blade）
Ⓔ 金屬卡鈕（button）
Ⓕ 柄頭（pommel）
Ⓖ 握柄、握把（grip）
Ⓗ 上部柄環（ferrule）
Ⓘ 十字形護手（quillon block）
Ⓙ 護手（quillon）

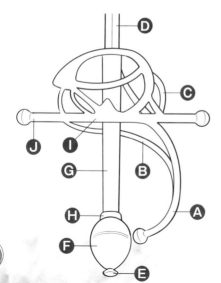

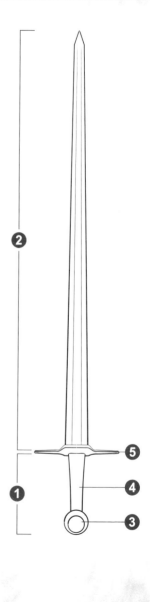

2章
短劍

克蘿愛

有一隻動作像猴子一樣快的怪物，我想用劍打倒牠，可是……。牠瞬間就跑到我身邊抓住我的手，害我沒辦法揮劍，我好不容易才保住一命地逃走了。

蕾雅

如果攻擊距離那麼近，很難用一般的劍打倒牠吧。

馬庫斯

這種時候，最能派得上用場的是短劍吧。近身肉搏的時候，可以讓對手受到致命傷。

克蘿愛

當時要是有帶短劍去就好了……！不過，什麼是短劍啊？

蕾雅

短劍大致上分為單刃的小刀，以及雙刃的匕首，來看看「武器目錄」吧！

克蘿愛

好！

刀劍

短劍

長柄

打擊

遠距

特殊

109 卡達短劍

katar, kutar

◆長度：35～40 cm
◆重量：0.35～0.4 kg
◆時代：4 B.C.～18 A.D.
◆地區：印度

　　卡達短劍是印度所使用的一種歷史非常悠久的短劍，但在西方卻誤認為卡達短劍指的是拳刃（見他項記載）。這是由於從蒙兀兒帝國傳到歐洲的歷史書《阿克巴法典》（Ain-I-Akbari）中，描寫卡達短劍的武器插圖弄錯了。實際上，卡達短劍是一種劍身中段拉寬、根部縮窄的劍。希臘的邁錫尼短劍（見他項記載）也具有相同的特徵，有可能是卡達短劍的原型。

110 廓爾喀彎刀

kukri, cookri, kookeri

◆長度：45～50 cm
◆重量：0.6 kg
◆時代：不明～現代
◆地區：尼泊爾

　　廓爾喀彎刀是尼泊爾的高山民族所使用的小刀，他們拿這種刀當武器，也拿來當作斬除野草或矮樹的開山刀（bush knife）。由於這些高地民族所組成的傭兵團「廓爾喀部隊」喜歡用這種彎刀，所以稱為廓爾喀彎刀。刀身呈「く」字型彎曲，內側有刃。刀根有個凹槽，他們認為這個凹槽有咒術的效果，可以增加彎刀的威力。尼泊爾人極為重視這種刀，從材質或裝飾就能看出持有者的社會地位。即使到了現代，新加坡的警察部隊或某些軍隊也會配備這種彎刀。

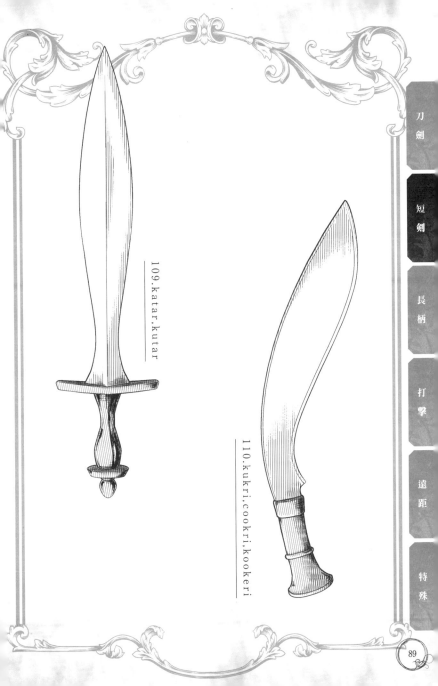

109.katar.kutar

110.kukri.cookri.kookeri

刀
劍

短
劍

長
柄

打
擊

遠
距

特
殊

111 馬來短劍

k r i s

◆長度：40～60cm
◆重量：0.5～0.7kg
◆時代：8世紀～現代
◆地區：東南亞

馬來短劍是馬來人所使用的雙刃短劍，其最大的特徵就是像波浪一樣彎曲起伏的劍身。劍柄與劍刃相連的部分極細，劍身寬，劍根兼具劍格的作用。這種劍與馬來人的神話或咒術有極深的淵源，因此劍刃與劍柄上都有複雜的裝飾，馬來人十分重視這種短劍，認為它能消災除厄。流傳下來的馬來短劍中，也有用黃金或象牙裝飾的皇室正式裝備。印尼的武術「席拉」（Silat）也使用這種短劍，據說這是世界上最美麗的武器之一。

112 拳刃

j a m a d h a r

◆長度：30～70cm
◆重量：0.3～0.8kg
◆時代：14～19世紀
◆地區：印度

拳刃是印度的伊斯蘭教徒所使用的特殊武器，使用形態就像從拳頭生出劍刃一樣，既可截刺也能劈砍，拳刃可能是馬拉塔人的劍「帕塔劍」（見他項記載）的原型。握柄在兩根金屬棒之間，金屬棒也有某種程度的防護作用。此外，為了防止劍刃搖擺或滑動旋轉，有些拳刃有兩根握柄。雙刃、劍身的劍根部分寬闊，也有一些分為兩叉或三叉。

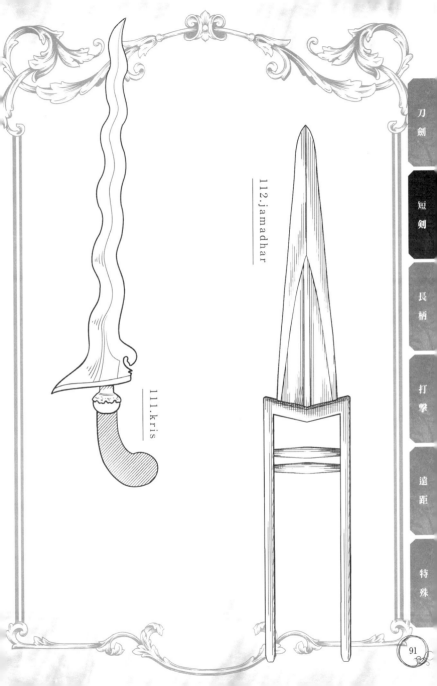

112.jamadhar

111.kris

113 短錐

stiletto,stylet

◆長度：20～30cm
◆重量：0.1～0.3kg
◆時代：16～19世紀
◆地區：歐洲

　　短錐是16世紀到19世紀在義大利等地使用的細長錐狀短劍，前端非常銳利，但劍身無刃，這種短劍完全是戳刺專用的武器。用來刺穿皮甲或鎖甲非常有效，在戰場上是將對手擊倒、壓制之後，用來取其性命。在戰場之外，也用來偷襲或暗殺，因為體型極小，可以帶著接近對方，不讓對方發現。據說就是因為太過危險，數度遭到禁止攜帶上街。

114 折劍匕首

sword breaker

◆長度：25～35cm
◆重量：0.2～0.3kg
◆時代：17～18世紀
◆地區：歐洲

　　折劍匕首正如其名，是用來破壞對方持劍的武器，盛行於西班牙或義大利等國家。一般所知的是劍刃有梳子狀凹凸的直劍，目的是用來將西洋劍（見他項記載）等細劍的劍身夾入其中再折斷。主要是拿在左手，右手則持攻擊用的長劍。這種武器的形式，應該是因為槍類火器發達，重鎧變成輕裝，需要單純用劍來防禦而產生的武器。其他還有目的相同，但構造更複雜的左手用短劍（見他項記載）。

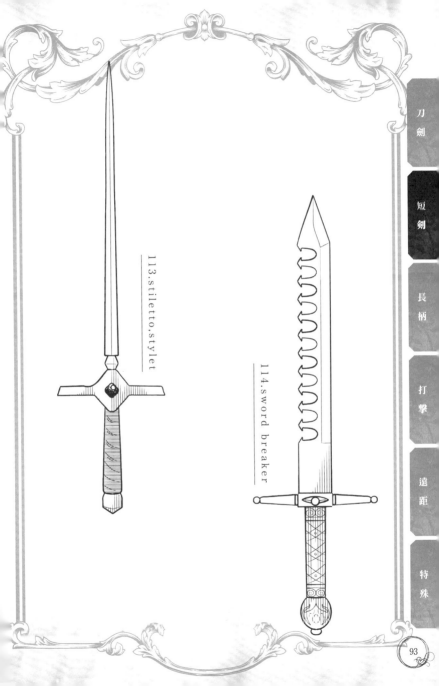

113.stiletto.stylet

114.sword breaker

115 西洋短劍

dagger

◆長度：30cm
◆重量：0.2kg
◆時代：11～20世紀
◆地區：全歐洲

　西洋短劍是西方的所有雙刃短劍的總稱，而單刃的短兵器，大致上歸類為小刀。在中世紀，對抗全身鎧甲、擅長抵擋劈砍的騎士，有效的戰術就是讓對方從馬上跌落，再用短劍將其擊殺。在後世鎧甲輕量化之後，也持續有人使用，像是帶著平常防身用之類的。主要是用來戳刺，防禦則有格擋短劍（見他項記載）之類的武器。語源是拉丁文的「dacaensis」，意思是達西亞人的刀劍。

116 五指劍

cinquedea,sangdede

◆長度：40～60cm
◆重量：0.6～0.9kg
◆時代：13～15世紀
◆地區：歐洲

　五指劍是一種雙刃短劍，「Cinquedea」在義大利文中是「五指」的意思，其特徵也正如其名，劍身大約是五根手指合攏的寬度。從劍尖到劍根呈山狀擴展，劍身上有數根裝飾用的導水管。一般來說，導水管分為劍尖、劍身、劍根三段，呈金字塔狀增加，不過也有一些只有五根筆直的導水管。除了導水管以外，這寬闊的劍身上面，也有許多鑲嵌或裝飾，反映出華麗的義大利文藝復興時代風格。

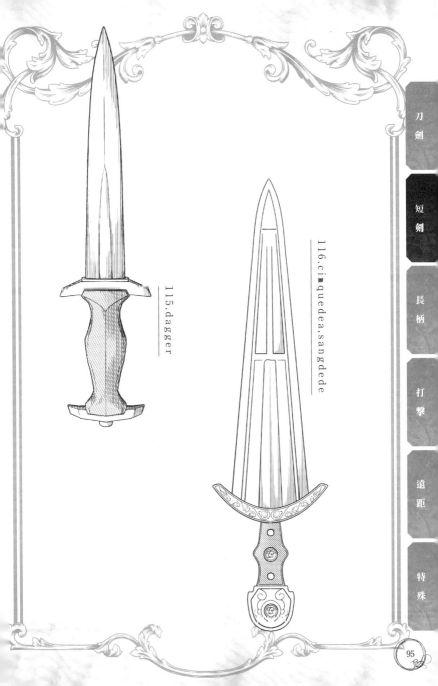

115.dagger

116.ci■quedea,sangdede

117　印度雙頭刀

haladie

◆長度：25～35cm
◆重量：0.2～0.3kg
◆時代：15～18世紀
◆地區：印度

　　印度雙頭刀是印度的拉傑普特族所使用的短刀，這種刀的形狀特殊，是由兩把彎曲的刀刃反向結合在一起，中央是握柄。刀鞘也有兩個，分別將刀刃收於其中。其他有一些有附保護指掌的環，或像薩提刃棒（見他項記載）一樣，握柄處有向外突出的劍刃，或是有附鋸刃者。12世紀，伊斯蘭教徒擊敗了拉傑普特族，印度雙頭刀也因此傳進伊斯蘭世界，稱其為「敘利亞小刀」。

118　格擋短劍

parrying dagger

◆長度：30～40cm
◆重量：0.3～0.4kg
◆時代：15～18世紀
◆地區：歐洲

　　格擋短劍是一種為了防禦而強化的短劍，輕裝簡行而遇到突發的私鬥時，可用來代替護盾。左手持劍，右手則是拿西洋劍（見他項記載）等戳刺用的劍。左手用短劍（見他項記載）或折劍匕首（見他項記載），也廣泛包含於其中。因為是防禦用的武器，因此有一些特別的設計，像是把劍格的形狀做成鉤型，較容易格擋對手的劍。其他也有將劍刃設成三叉的，這應該是希望可以把對方的劍夾住並折斷。

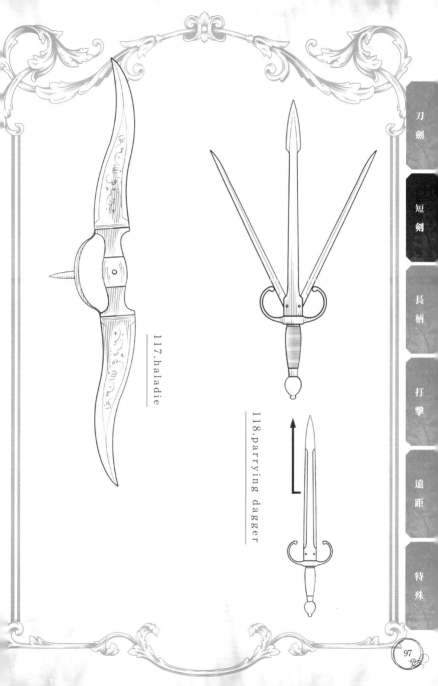

117.haladie

118.parrying dagger

刀劍

短劍

長柄

打擊

遠距

特殊

119 匕首

hishu,bishou

◆長度：30～45cm
◆重量：0.1～0.2kg
◆時代：夏～清
◆地區：中國

匕首是中國所使用的短劍，古代是青銅製，從戰國時代開始為鋼鐵製。這是一種直劍，有些有劍柄，有些只是用繩子或布條纏繞，沒有劍柄的匕首中，有些劍首會有圓環，把布條綁在環上迷惑對手。至於劍格，若不是沒有，就是只有劍根微微向外突出。匕首最為人所知的就是用來暗殺，人稱暗器之王，有好幾位歷史上的名人都喪命於這種短劍之下。

120 蠍尾劍

bichwa

◆長度：30～35cm
◆重量：0.3～0.4kg
◆時代：15～16世紀
◆地區：印度中部

蠍尾劍是印度中部達羅毗荼人的短劍，是直接把水牛的角削尖做成武器，「bichwa」就是「蠍尾」的意思。這裡指的是角的形狀彎曲成S形的蠍尾劍，握柄呈環狀，環繞手掌的形狀，西方稱其為牛角短劍（horn dagger）。而金屬蠍尾劍（bitchhawa）則是一種繼承了這劍刃與握柄的形狀，用金屬製作的武器。蠍尾劍原本是專門用來截刺的武器，但金屬製的有劍刃，也可以用來劈砍，現在一般都是金屬製的。

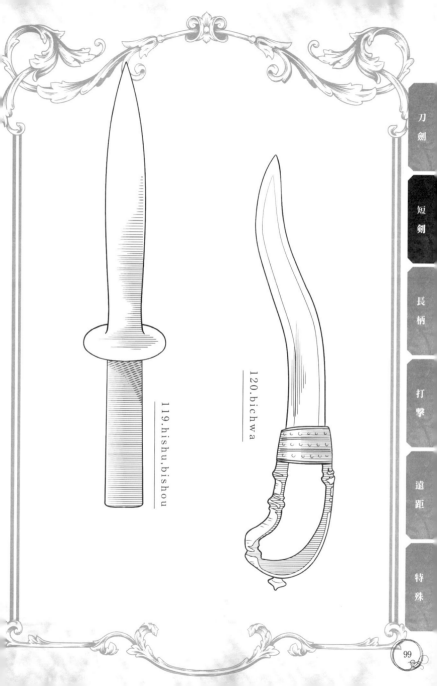

119.hishu.bishou

120.bichwa

121　左手用短劍

main gauche

◆長度：30～40cm
◆重量：0.2～0.4kg
◆時代：15～18世紀
◆地區：歐洲

　　左手用短劍是左手拿的防禦用短劍，是格擋短劍（見他項記載）的一種，「main gauche」在法文中就是「左手使用的短劍」的意思。這種二刀流的用劍形態，優點是可以左右交互攻擊防禦。護手有單純的護手，像是只有橫向伸出，或把覆蓋指掌的部分做得大一點的，也有多功能的護手。其他也有各種不同設計的左手用短劍，像是劍根像折劍匕首（見他項記載）一樣有梳子狀的凹凸構造，或是彈簧劍身分為三叉的，以及劍格上面有好幾個鉤子等款式。

122　穿甲匕首

mail breaker

◆長度：30～40cm
◆重量：0.2～0.3kg
◆時代：15～17世紀
◆地區：歐洲

　　穿甲匕首是文藝復興時期誕生於歐洲的短劍，此劍正如其名，是一種用來刺穿鎧甲的武器，用來對付皮甲或鎖子甲甚是有效。早期主要的形態是劍尖部分有雙刃，現在也有劍身為三角錐或四角錐狀，或是像錐子一樣單只前端尖銳的穿甲匕首。劍格有呈鉤狀或向兩旁直伸的類型，但這並不是為了防禦，應該是為了更好施力、刺得更深，以及刺入後能容易抽出而設計。

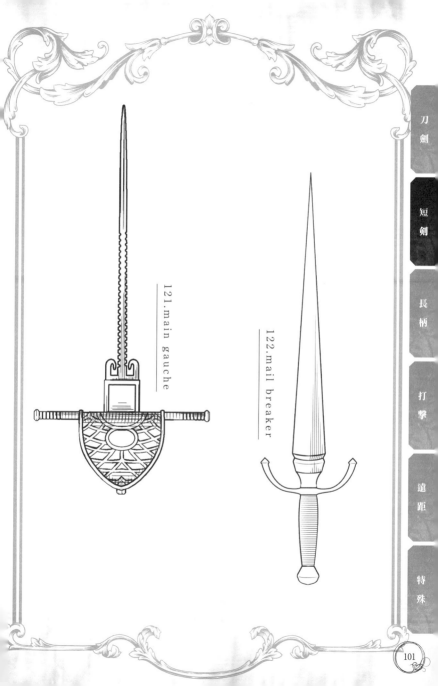

121.main gauche

122.mail breaker

123 觸角短劍

antennae dagger

◆長度：30cm
◆重量：0.25kg
◆時代：13～14世紀
◆地區：歐洲

　　觸角短劍是13到14世紀的歐洲短劍，是一種劍尖銳利的質樸直劍，劍格小小的不太起眼。最大的特徵在於劍首，是一種呈「C」或「ω」字型的半環狀突起，據說其名稱的由來，就是因為劍首與蝸牛等昆蟲的觸角極為相似。

124 耳柄短劍

eared dagger,estradiot,stradiot

◆長度：20～30cm
◆重量：0.25～0.4kg
◆時代：14世紀
◆地區：歐洲

　　耳柄短劍是起源於東方，透過伊斯蘭國家傳入西方的短劍，雖然是雙刃，但只有一側的刃根較寬，沒有劍格，而是有圓盤狀的止滑器。劍首分成兩邊，左右各有一個突狀物，反手拿劍時，拇指能扣在此處使用。此劍的名稱，也是因為這個突狀物看起來像耳朵而來的。

125 伊庫短劍

ikul

◆長度：30～40cm
◆重量：0.3～0.4kg
◆時代：17～19世紀
◆地區：北非

　　伊庫短劍是非洲布尚戈王國的巴庫夫族所使用的金屬製短劍，相同形狀的木製武器稱為伊庫林姆邦（ikulimbaang）。此為儀式用劍，規定由族長拿在左手。劍身寬闊，呈中段較寬，劍根收窄的形狀，另外還沿著刀鋒的的弧線刻溝。沒有劍格，劍首呈巨大的球狀。

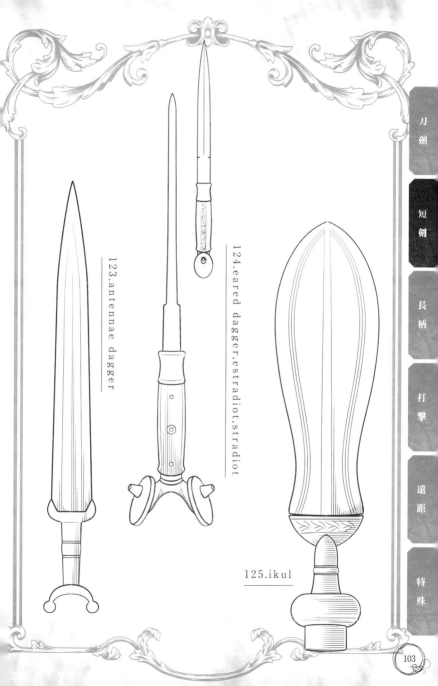

123.antennae dagger

124.eared dagger,estradiot,stradiot

125.ikul

126 爪哇威頓刀

wedong

◆長度：20～30 cm
◆重量：0.25～0.3 kg
◆時代：14～19世紀
◆地區：東南亞

　　爪哇刀是只有爪哇王子才能持有的短刀，在儀式使用，王子將其佩帶在身上，象徵王權統治著人民。整體是由金屬一體成形打造，是沒有刀鐔也沒有刀首的樸質短刀。刀身是單刃，像柴刀一樣的形狀。只有帶子用象牙或銀等材質裝飾得稍微豪華些。

127 腎形匕首

kidney dagger

◆長度：20～30 cm
◆重量：0.4～0.5 kg
◆時代：14世紀
◆地區：歐洲

　　腎形匕首是中世紀的騎士所持的短劍，這是一種雙刃的直劍，是用來從鎧甲的縫隙間插入，戳刺對手。劍根處的兩顆球是代表睪丸，是睪丸匕首（見他項記載）的象徵。「kidney dagger」這個名稱有「親切的短劍」之意，之所以這麼稱呼是因為，這是用來給瀕死的傷患最後一劍的匕首。

128 金德加匕首

kindjal

◆長度：30～55 cm
◆重量：0.4～0.6 kg
◆時代：15～19世紀
◆地區：東歐

　　金德加匕首是高加索地區使用的短劍，參考中東、近東的劍類武器製作而成。這是一種雙刃刃幅極寬的直劍，劍身刻有希望敵人死亡的字句或記號。劍柄是用木材或象牙製作，再於其上裝飾一層薄薄的金屬。劍首寬大，裝飾得十分美麗，劍鞘也用銀等材質打造得極為奢華。

刀劍

短劍

長柄

打擊

遠距

特殊

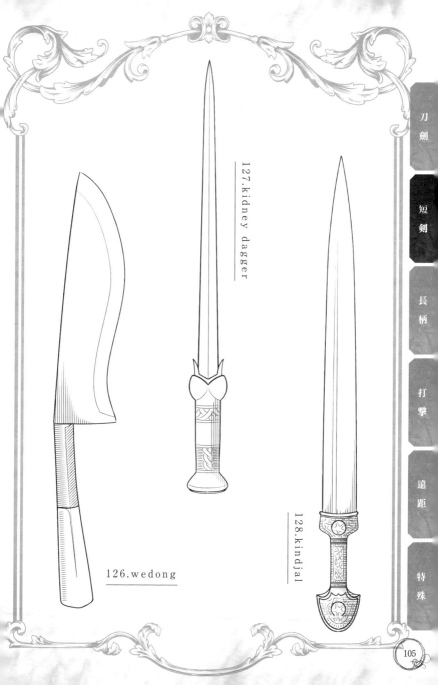

126.wedong

127.kidney dagger

128.kindjal

刀劍

短劍

長柄

打擊

遠距

特殊

129 阿拉伯小刀

khanjar,kanjal,handschar,kantschar

◆長度：30～40cm
◆重量：0.2～0.3kg
◆時代：12～19世紀
◆地區：中東、近東

　　阿拉伯小刀是16到18世紀，在波斯、印度、舊南斯拉夫等國家所使用的短刀。「khanjar」在阿拉伯文中有「切肉小刀」的意思，特徵是刀尖銳利，刀身呈S形彎曲。上面刻有裝飾性的花紋，刀柄是用象牙或水晶製作的高級品，從18世紀左右開始，王公貴族就會隨身佩帶這種短刀作防身用。

130 喀瑪匕首

qama,khama

◆長度：25～30cm
◆重量：0.2～0.3kg
◆時代：16～18世紀
◆地區：東歐

　　喀瑪匕首是喬治亞人所使用的短劍，外形幾乎就是縮小版的金德加匕首（見他項記載），唯一不同的就是劍首是圓形而且較為窄小。喬治亞人參考敵對勢力使用的金德加匕首，打造出了這把匕首。爾後和金德加匕首一起，被當成高加索地區固有的劍器，廣為印度或亞洲各國所知。

131 印尼鎌劍

korambi

◆長度：15～20cm
◆重量：0.1kg
◆時代：16～20世紀
◆地區：東南亞

　　印尼鎌劍是蘇門答臘島、蘇拉威西島等地方使用的鎌狀短劍，只不過與鎌刀不同的是，圓弧的外側也有刃。像這樣的雙刃鎌劍，不只是能揮砍，也可以用來做刺入挖起的動作。劍柄的尾端有一個空洞，可以穿上繩索。形狀幾乎相同的爪刀（karambit）可以將手指勾進這個洞中，反手使刀。

130.qama.khama

129.khanjar.kanjal.handschar.kantschar

131.korambi

132 撒克遜小刀

sax

◆長度：30～40cm
◆重量：0.2～0.3kg
◆時代：5B.C.～10A.D.
◆地區：西歐

撒克遜小刀是歐洲撒克遜人固有的短劍，與長劍一起帶在腰上，單刃刀，刀身是在鋒部的刀尖微微彎曲，刀柄是用木材或象牙等製作，大多沒有刀鐔或刀首。撒克遜人的戰士死後埋葬時，這種短刀會當作陪葬品一同埋葬。這種刀從青銅器時代到鐵器時代都持續使用，爾後普及為騎士野營時的生活用刀具。

133 色雷斯鉤刀

sica

◆長度：20～30cm
◆重量：0.2～0.4kg
◆時代：6B.C.～1B.C.
◆地區：古希臘

色雷斯鉤刀是古希臘的色雷斯到伊利里亞這一帶地區所產生的單刃短刀，有銳利的刀尖，以及彎曲而內側有刃的刀身，刀刃的形式與希臘鉤刀（見他項記載）一樣。「sica」這名稱給人的印象是「野蠻又可怕的武器」，猶太教的激進派中也有匕首黨（Sicarii）這樣的派系存在。

134 葉門雙刃彎刀（嘉比亞彎刀）

jambiya, jumbeea, jambiyah

◆長度：20～30cm
◆重量：0.2～0.3kg
◆時代：17世紀～現代
◆地區：中東、近東

葉門雙刃彎刀是發源於阿拉伯，土耳其或印度等國家也廣泛使用的短刀，刀身雙刃有反彎，也有一些在刀刃中央有放血的血溝。刀鞘有用金銀等裝飾，刀柄大多是用長頸鹿的角製成。擁有一把葉門雙刀彎刀，對阿拉伯民族來說具有重要的意義，這是聲名地位的象徵，也使用在割禮或結婚等儀式上。

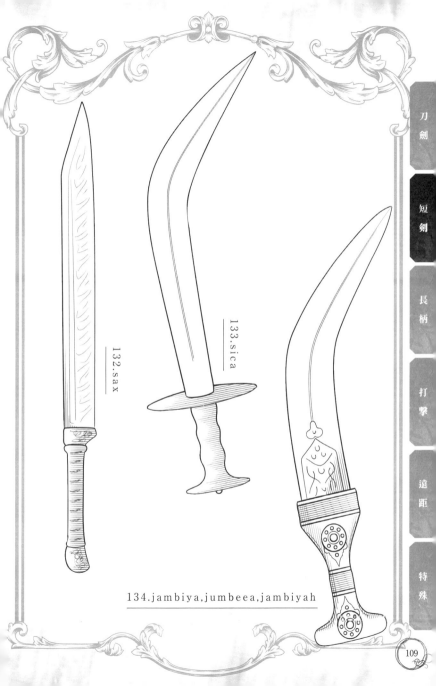

132.sax

133.sica

134.jambiya,jumbeea,jambiyah

刀劍

短劍

長柄

打擊

遠距

特殊

135 波斯穿甲短刀

zirah bouk, zirah bonk

◆長度：15～25cm
◆重量：0.1～0.2kg
◆時代：16～18世紀
◆地區：中東、近東

　　波斯穿甲短刀是波斯所使用的短刀，從刀刃的前端到中段是雙刃，剖面是菱形。刀尖尖銳面朝上，更方便戳刺，刀柄沒有刀首與刀鐔，十分簡樸。「zirah bouk」是「穿甲」的意思，是針對板甲的接縫戳刺，用來攻擊鎖甲也很有效。

136 蘇格蘭短劍

dirk

◆長度：15～25cm
◆重量：0.25～0.4kg
◆時代：15世紀～現代
◆地區：英國

　　蘇格蘭短劍是蘇格蘭高地民族用的短劍，有單刃也有雙刃，也有一些是單邊的劍刃上有鋸刃狀的刻齒。刀柄是用橡木或象牙製造，再以皮革包捲，刀首一般是帶圓弧的杯狀。一開始這種刀是防身及生活上使用，之後英國等各國海軍也開始配備。

137 短刀

tantou

◆長度：30cm以下
◆重量：0.3kg
◆時代：古墳～江戶
◆地區：日本

　　日本短刀是30公分以下的日本刀，也算是可以放入懷中攜帶的懷刀。包括鎌倉時代無法使用主要武器時，用來輔助的一種短刀「刺刀」，或戰國時代（1493～1573年）與太刀佩帶與相反側的格鬥用短刀「馬手差」，都算是日本短刀。這種刀也用來作為女性的防身護刀，或古代農民在山野平原的日常使用工具。

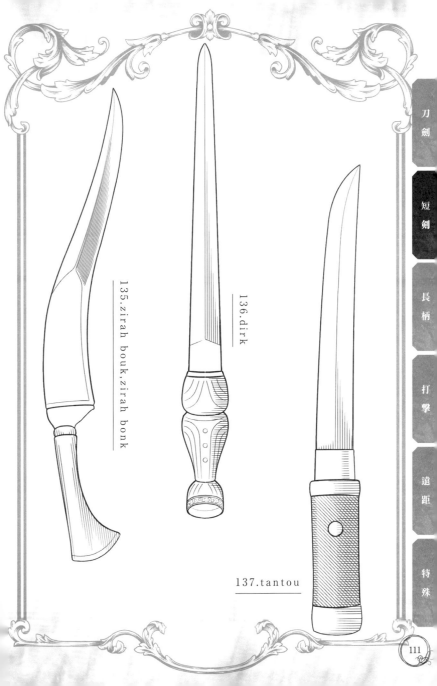

135.zirah bouk.zirah bonk

136.dirk

137.tantou

138 泰米爾鎌劍

chopper

◆長度：50～65cm
◆重量：0.3～0.5kg
◆時代：3B.C.～18A.D.
◆地區：印度南部

　　泰米爾鎌劍是印度南部使用的一種劍刃形狀獨特的短劍，劍刃類似鎌刀，沒有固定的形狀，每一把都很有特色。原本並不是武器，而是用來開拓叢林的開山刀。歷史極為悠久，是很多人使用的傳統刀劍武器，但是到了19世紀英國統治印度時，泰米爾鎌劍被當作野蠻的武器。

139 阿富汗單刃匕首

choora,charay,chhura

◆長度：20～30cm
◆重量：0.1～0.2kg
◆時代：14～20世紀
◆地區：南亞

　　阿富汗單刃匕首是南亞地區所使用的短刀，是居住在阿富汗東北部與巴基斯坦西部之間的開伯爾山口附近的馬哈蘇德人（Mahsud）所拿的匕首。單刃而刀尖銳利，刀身非常細，刀刃到刀鐔都是金屬製，也有一體成形打造的。鉤狀的刀首是用木材或動物的角等材質製作，大致呈直角彎向刀刃側。

140 曲拉扭短劍

chilanum

◆長度：30～40cm
◆重量：0.3～0.4kg
◆時代：16～19世紀
◆地區：印度

　　曲拉扭短劍是16世紀蒙兀兒帝國的士官所使用的雙刃短劍，劍根的幅度較寬而朝上方彎曲，劍柄的形狀是中段較細，劍首往左右展開，大多其中一邊有延伸出去與劍格相連，以保護手掌。與蒙兀兒帝國敵對的馬拉塔王國也有製造這種短劍，其中也有劍刃呈S形彎曲的款式。

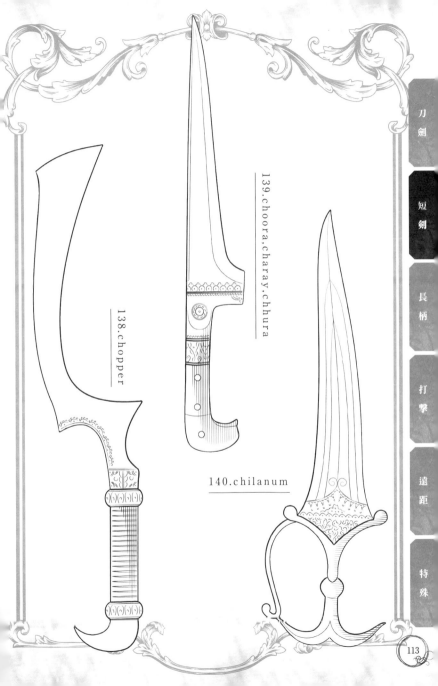

139.choora.charay.chhura

138.chopper

140.chilanum

141 特力克短劍

telek

◆長度：30～45cm
◆重量：0.2～0.25kg
◆時代：11～20世紀
◆地區：北非

特力克短劍是撒哈拉沙漠的遊牧民族圖阿雷格族所使用的短劍，是劍身細長的雙刃直劍，特徵是握柄的部分呈十字形，這個十字乍看之下很像是劍格，但實際上是用來將劍柄夾在食指與中指之間，橫向緊握截刺。平常是用金屬或皮革製的帶子，連劍鞘一起著裝在手臂上。

142 賽普勒斯鐮刀

novacula

◆長度：20～30cm
◆重量：0.3～0.5kg
◆時代：7B.C.～5B.C.
◆地區：古代地中海地區

賽普勒斯鐮刀是古代賽普勒斯島所使用的青銅製短刀，刀身呈鐮狀，內側有刃，與刀柄一體成形，推測應該是用皮革等物品纏住握柄來使用，適合用來勾住、往下揮砍等攻擊。此外，除了當作武器以外，似乎也如外觀所見，會用在割草等用途上。

143 巴塔德匕首

batardeau

◆長度：20～30cm
◆重量：0.1～0.15kg
◆時代：16世紀
◆地區：義大利

巴塔德匕首是義大利的騎士之間所使用的截刺用短劍。這是一種劍尖銳利的雙刃匕首，沒有劍格，特徵是劍首呈扇形。長劍的劍鞘外側有附掛一個口袋，這匕首就收於其中。這種短劍在戰場上，是用來給重傷無法解救的人最後一劍，因此被視為神聖之物，裝飾也比較多。

刀劍

短劍

長柄

打擊

遠距

特殊

141.telek

142.novacula

143.batardeau

144 普巴杵（金剛橛）

phurbu

◆長度：20～30cm
◆重量：0.2～0.3kg
◆時代：13～20世紀
◆地區：西藏

　　普巴杵是西藏的一種短劍，劍身像箭尾一樣呈立體的形狀，由三片或四片劍刃彼此接合。劍柄或劍首有以龍或佛像等為主題元素的裝飾，藏人相信這不是武器或道具，而是具有守護功能，可以避邪。日本的密教法器鬼面金剛杵，以大致相同的外形流傳下來。

145 馬來彎柄小刀

bade-bade,battig,roentjau

◆長度：25～35cm
◆重量：0.2～0.3kg
◆時代：15～19世紀
◆地區：東南亞

　　馬來彎柄小刀是馬來人所使用的單刃短刀，刀身窄細，刀根的地方稍寬，微微往內側彎曲。刀柄呈「く」字形大幅彎向與刀刃相反的方向，讓刀好握且帶有重量，揮刀時也能保持足夠平衡。刀鞘的形狀也很有特色，為了夾在腰帶上時可以勾住，根部有長長的突起。

146 帕納巴斯刀

panabas

◆長度：50～60cm
◆重量：0.3～0.4kg
◆時代：17～20世紀
◆地區：東南亞

　　帕納巴斯刀是菲律賓的摩洛人所使用的山刀，為了便於伐除草木而呈向內側彎曲的柴刀狀，但與柴刀不同，有雙刃，呈四角形的刀尖也有刃。刀柄製作得極長，但不是為了兩手拿取，而是為了握住後端揮刀時，能有巨大的離心力而設計的。

刀劍

短劍

長柄

打擊

遠距

特殊

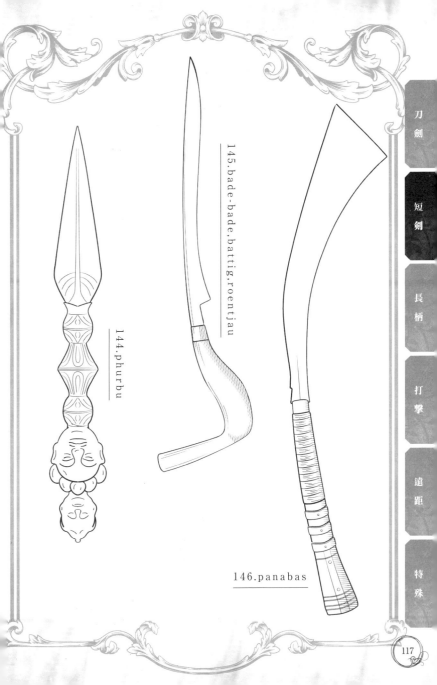

144.phurbu

145.bade-bade,battig,roentjau

146.panabas

147 明打威彎柄短劍

palitai,palite

◆長度：30～40cm
◆重量：0.2～0.3kg
◆時代：17～20世紀
◆地區：東南亞

　　明打威彎柄短劍是位於蘇門答臘島西南方的明打威群島所使用的短劍，這雖然是雙刃的直劍，但也有一些從前端約三分之一的地方開始彎曲的款式。劍尖銳利，劍柄細長，手握處大幅彎曲，也有一些劍首呈漩渦狀。這種獨特的形狀是鄰近各島彼此文化交流，相互融合所產生的結果。

148 印度鐮刀

bank

◆長度：20～30cm
◆重量：0.3～0.5kg
◆時代：5～19世紀
◆地區：印度

　　印度鐮刀是印度的拉傑普特人、蒙兀兒、馬拉塔人等各國的下級士兵所使用的單刃短刀，特徵是刀身像鐮刀一樣彎曲，「bank」在印地語中是「彎曲」、「折彎」的意思。這種刀擅長勾住再順勢割下，因為用起來非常方便，所以在極為漫長的一段時間裡都有人持續使用。

149 金屬蠍尾劍

bichwa,bichawa,bich'hwa

◆長度：30～40cm
◆重量：0.3～0.5kg
◆時代：16～18世紀
◆地區：印度

　　金屬蠍尾劍是印度的雙刃短劍，原型是用水牛角製作的武器蠍尾劍（見他項記載）。劍刃呈S形彎曲，也有一些是兩枚平行劍身者。握柄是帶狀的金屬環，沒有劍鞘，一般是藏在袖子或袖袋裡攜帶。使劍的人左右手各持一把，用二刀流的方式戰鬥是常態。

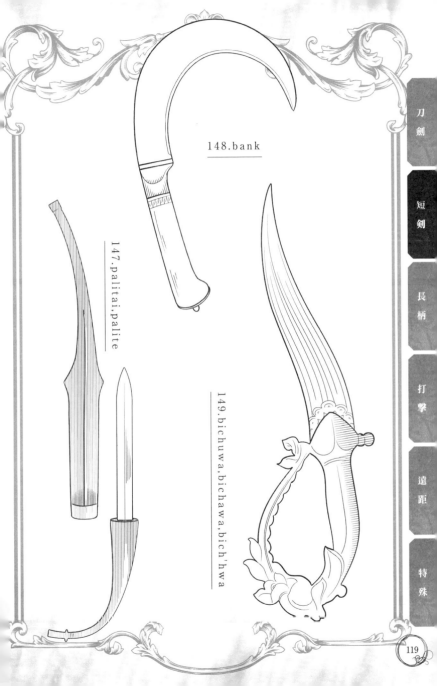

148.bank

147.palitai.palite

149.bichuwa.bichawa.bich'hwa

150 果達古小刀

pichangatti

◆長度：18～30 cm
◆重量：0.1～0.2 kg
◆時代：16～19世紀
◆地區：印度南部

　　果達古小刀是印度東南部以勇猛聞名的果達古族所使用的短刀，帕米爾語的「pichangatti」是「小刀」（hand knife）的意思。這種單刃短刀，外觀像菜刀，刀尖部分是雙刃。刀柄窄小，刀首圓大，刀柄或刀鞘有很多豪華的裝飾。這種短刀即使是現代，也是果達古族男人穿正式服裝時不可或缺的配備。

151 羅馬匕首

pugio

◆長度：20～30 cm
◆重量：0.1～0.2 kg
◆時代：1 B.C.～5 A.D.
◆地區：古羅馬

　　羅馬匕首是古羅馬所使用的雙刃短劍，劍身寬闊，中段微凹，劍尖銳利。因為方便攜帶而大多用來暗殺，刺殺共和體制下的羅馬獨裁官凱撒的就是這種匕首。羅馬從帝政以後，羅馬匕首成為士兵的標準配備，當作輔助武器，或是野營等情況的作業用刀具。

152 佩什喀短刀

pesh kabz

◆長度：28～36 cm
◆重量：0.3～0.4 kg
◆時代：15～19世紀
◆地區：中東、近東／印度

　　佩什喀短刀是波斯或印度北部、土耳其等地區所使用的短刀，在波斯稱之為「Karud」，是身分較為高貴的人所使用的武器。這是一種刀尖銳利的單刃武器，呈S形彎曲，有一些刀尖有雙刃，極為適合用來截刺，用來對付鎖甲十分有效，彎曲的刀刃還能進一步挖深傷勢。

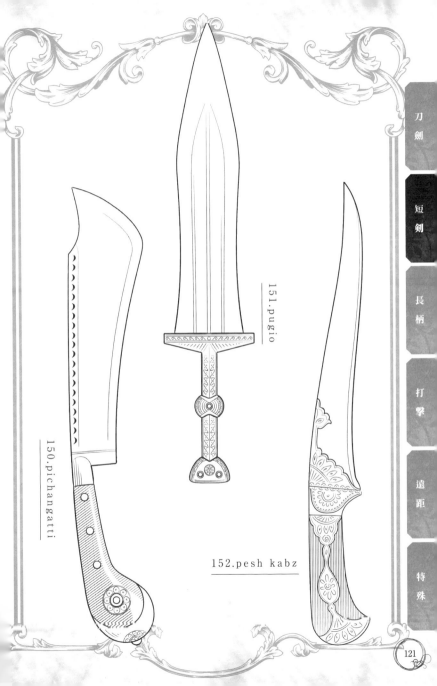

151.pugio

150.pichangatti

152.pesh kabz

153 西洋匕首

poignard dagger,poniard

◆長度：30 cm
◆重量：0.3 kg
◆時代：16～19世紀
◆地區：歐洲

　西洋匕首是劍身剖面呈正方形的窄細短劍，劍尖銳利極適合用來戳刺。「poniard」是法文中的短劍之意，這把短劍誕生於法國，透過英國流傳出去。主要是用來決鬥，是搭配西洋劍（見他項記載）使用二刀流戰鬥時的左手用武器。平常插在右後方的腰帶上。

154 睪丸匕首

ballock knife

◆長度：20～30 cm
◆重量：0.4～0.5 kg
◆時代：12～14世紀
◆地區：歐洲

　睪丸匕首是中世紀的騎士所使用的短劍，是一種用來戳刺的雙刃直劍。「ballock」指的是「睪丸」，這是因為兩個球狀的劍格搭配劍柄，看起來很像男人的性器。腎形匕首（見他項記載）也是其中的一種。這種劍格除了可以用來防禦之外，也是為了讓匕首在插入後更好拔出，但最後只剩下象徵性的意義。

155 比達友短劍

mandaya knife

◆長度：30～40 cm
◆重量：0.2～0.5 kg
◆時代：16～20世紀
◆地區：東南亞

　比達友短劍是婆羅洲的原住民比達友族所使用的短劍，是一種劍根處向內凹縮的雙刃武器，劍首有像角一樣的突起，這是為了插在腰上不要掉落而做的設計。這種劍雖然是馬來獵頭刀（見他項記載）的縮小版，但形狀完全不同。平常主要是用來當生活工具，緊急時也能拿來當武器。

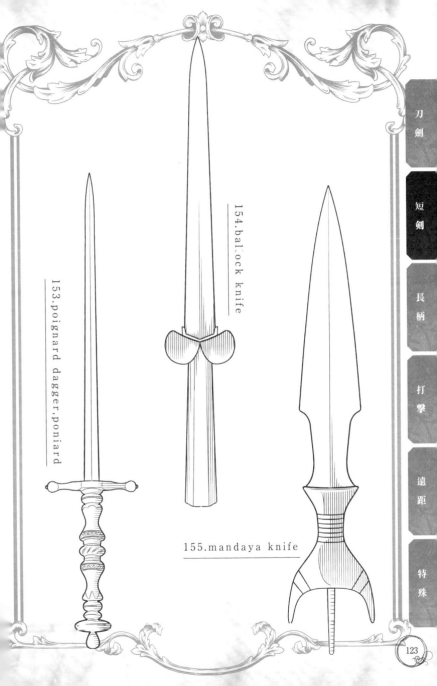

153.poignard dagger.poniard

154.bal·ock knife

155.mandaya knife

156 慈悲短劍

misericorde

◆長度：25～35 cm
◆重量：0.1～0.2 kg
◆時代：14～15 世紀
◆地區：西歐

　　慈悲短劍是英國或法國騎士上戰場時所帶的一種短劍，劍尖銳利、劍身窄細，劍身的剖面有各種樣式，如菱形、正方形、三角等。主要是用來截刺鎧甲的縫隙或接縫處。「misericorde」在法文中指的是「慈悲」，指若有人因戰鬥或落馬而身受重傷時，用來予以解脫的最後一劍。

157 圓盤匕首

roundel dagger

◆長度：30 cm
◆重量：0.3 kg
◆時代：14～16 世紀
◆地區：歐洲

　　圓盤匕首是劍格與劍首處有附防滑圓盤的短劍，這種圓盤隨著時代推進，劍首處的圓盤變得越大，劍格處的圓盤變得越小，是一種歷史悠久的武器，從青銅器時代即存在。這種武器幾乎只有前端有刃，主要用來截刺，但在德國也有劍尖圓鈍的款式。

158 環柄短劍

ring dagger

◆長度：30 cm
◆重量：0.25 kg
◆時代：14 世紀
◆地區：歐洲

　　環柄短劍是一種劍身厚實的雙刃短劍，據說其原型是觸角短劍（見他項記載），劍如其名，劍首呈環狀，一般是在此處繫繩索或鎖鏈攜帶，藉此可以防止掉落、遭竊或搶奪等。不過，這種劍只在 14 世紀中葉流行過一段時間，不到幾十年的時間就沒人在使用了。

刀劍

短劍

長柄

打擊

遠距

特殊

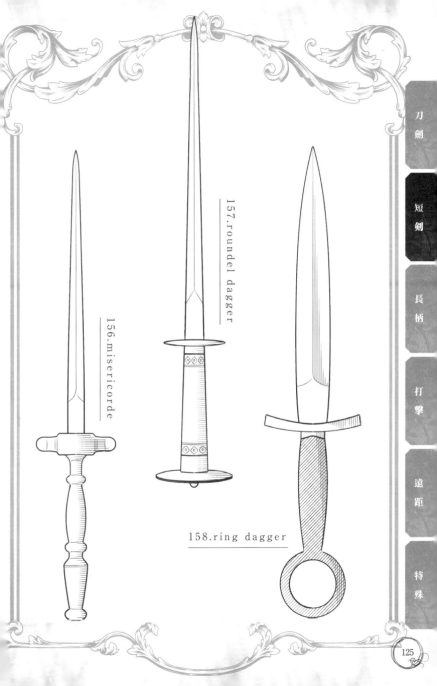

157.roundel dagger

156.misericorde

158.ring dagger

刀劍 短劍 長柄 打擊 遠距 特殊

短劍圖解

刀劍

短劍

長柄

打擊

遠距

特殊

短劍、小刀

Dirk and Knife

①劍柄、刀柄（hilt）
②劍身、刀身（blade）
③劍首、刀首、劍墩、柄頭（pommel）
④莖、握柄、握把（handle）
⑤格、鐔、護手（guard）

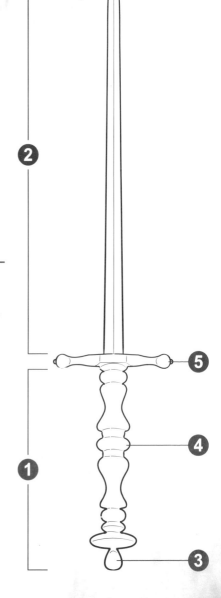

3章
長柄

克蘿愛

我有遇到那種手臂超級長的怪物，靠近攻擊之前就先被牠打了……。

蕾雅

那是什麼啊？真噁心。

馬庫斯

這種時候，就輪到長柄武器上場了。可以從對手攻擊不到的距離揮動或是戳刺。

克蘿愛

上面有一些往外突出的刀刃那種，感覺很帥耶！啊，這個是呂布拿的那個嗎？

蕾雅

上面有附爪子或外突刀刃的槍，可以用來將對手勾住擊倒，不過要懂一些訣竅才行。我覺得妳還是拿形狀簡單的槍比較好。

馬庫斯

是啦，這個跟刀劍的攻擊範圍不太一樣，所以只能先學習怎麼用了，跟蕾雅去練習吧。

159　偃月刀

engetsutou,yanyuedao

◆長度：1.7～3.0m
◆重量：12.0～25.0kg
◆時代：宋～清
◆地區：中國

　　偃月刀是中國的長柄武器，大刀（單刃彎刀附柄的武器）的一種，所謂的偃月就是半月，代表刀尖的形狀。整體皆為金屬製，重量極重，通常是鍛練或是舞刀表演時使用，有一些會在長柄尾端的刀鐏側設有反向的尖刃。《三國志》的關羽愛用的青龍偃月刀也是其中一種，但就史實來說，那個時代並沒有偃月刀。實戰上，清朝八旗軍裡以漢族為中心的漢軍八旗，有使用一種將偃月刀改得更為輕盈短小的武器。

160　熊手

kumade

◆長度：2.8～3.0m
◆重量：2.5～2.8kg
◆時代：平安～江戶
◆地區：日本

　　熊手是日本人使用的一種多用途的兵器，原本是農具。這是一種有三或四根分開的金屬製鉤爪裝在柄上的武器，日本鎌倉時代以後，也有出現在柄上捲鎖鏈的熊手，這是為了不讓柄被斬斷而做的設計。這種武器是用在攻城戰中，勾住城牆往上攀爬，或是將外牆扯下等。此外在水戰時可用來將船拉近、把敵人打落水中，或是把落水的同伴救上來等。江戶時代（1603～1868年）以後不再有兩軍會戰，便使用來當作追捕犯人用的武器。

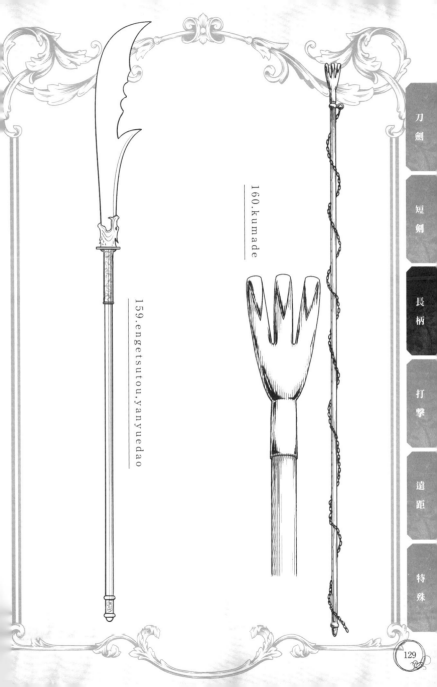

160.kumade

159.engetsutou.yanyuedao

161 新月戰斧

crescent ax

◆長度：1.2～1.5m
◆重量：2.5～4.0kg
◆時代：14～15世紀
◆地區：西歐

新月戰斧是14世紀的義大利所製作的戰斧，「crescent axe」的意思是「新月形斧」，這把戰斧也正如其名，擁有像弓一樣彎曲的對稱形斧刃，鋒刃極長，有60～80公分，相對地，斧柄並不長。當時，德國傭兵看到義大利士兵所裝備的這種戰斧，將其帶回國內廣泛流傳，並使其進一步演進。北歐或東歐也有相同形狀的戰斧，但在歷史上並無直接的關係，在西歐這種戰斧是義大利最先製造出來的。

162 二郎刀

jiroutou, erlangdao

◆長度：2.0～3.0m
◆重量：6.0～9.0kg
◆時代：明
◆地區：中國

二郎刀是中國人刀的一種，又稱三尖兩刃刀，刀口處有往三個方向叉開的尖刺，中央的尖刺稍長，呈「山」字型。刀身極長，占整體長度的三分之一，有一些的鐏部像一個小槍尖，這是一種以上揮、下砍、突刺為中心的武器。是以《封神演義》等而為人熟識的中國神界英雄——二郎真君所使用的武器，並以此聞名，名稱也源自於此。原型是斬馬劍，是一種像長卷（見他項記載）一樣的武器。

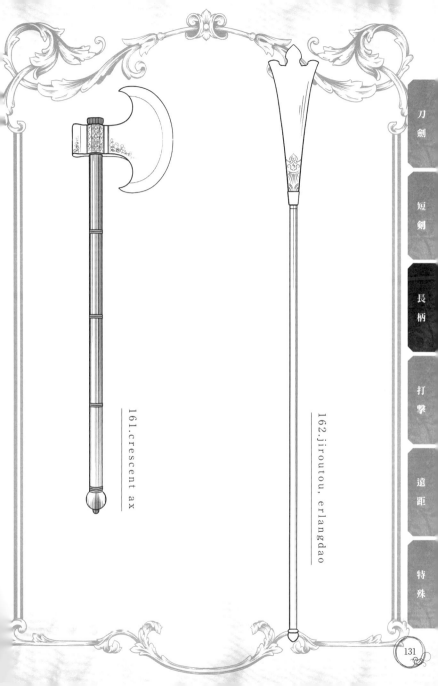

161.crescent ax

162.jiroutou, erlangdao

163 直槍

suyari

◆長度：2.0～3.0m
◆重量：2.5～3.0kg
◆時代：南北朝～江戶
◆地區：日本

直槍是泛指所有日本構造單純的槍，也寫作素槍、徒槍。槍頭大致上是正三角形、菱形、竹葉形、鷹羽形、椿葉形等兩刃對稱形，但也有例外如菊池槍（見他項記載），或是裝配一種厚度較厚、名為篠穗的槍頭。原本戰場的主要武器是薙刀，但直槍體積較小，使起來的動作更快，而且戳刺比揮砍更適合用來對付鎧甲，因此在南北朝（1336～1390年）之後就成為最重要的武器。雖然槍術也隨之發展，但槍術的大多數流派都只有上級武士才可以學習，因此傳人極少。

164 槍

sou,qiang

◆長度：3.0～8.0m
◆重量：2.5～6.0kg
◆時代：三國～清
◆地區：中國

槍是中國的長柄武器，擁有較短的雙刃槍頭，根據長度不同，有短槍、大槍、花槍等各種稱法。近世製作的槍，特徵是槍桿較柔軟有彈性，在操作上威力更甚。中國自古就有類似的武器，如前端刃部更大的矛（見他項記載），或是像短劍加上長柄的鈹，雖然這些兵器的成立時期以及與槍的區別都很模糊，但在文獻上，槍是蜀國的軍師諸葛亮所發明。到了宋、明左右進入全盛時期，被稱為「兵器之王」。

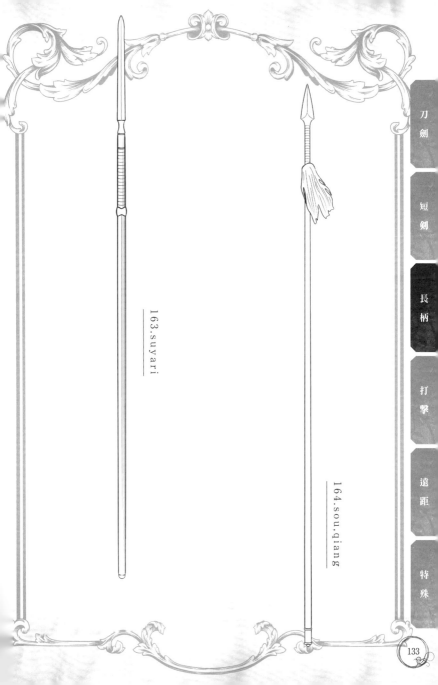

163.suyari

164.sou.qiang

噴火龍武器店倉庫の武器目錄

刀劍

短劍

長柄

打擊

遠距

特殊

165 袖搦

sodegarami

◆長度：2.5～3.0m
◆重量：2.0～2.5kg
◆時代：室町～江戶
◆地區：日本

　　袖搦是室町時代由中國傳至日本的兵器，正如字面上所形容的，是用來勾住衣服等物品所使用的，日文又稱為「yagaramogara」。長柄的前方有無數朝上朝下的鉤爪，柄的上部包鐵片包覆，上面有棘刺，鉤爪的形狀或數量並沒有特別固定的形式。傳入日本時，一開始的用法和熊手（見他項記載）一樣，在水戰時用來將敵人打進水裡，或是救助落水的同伴等。江戶時代之後用來捕捉犯人，和刺股（見他項記載）、突棒（見他項記載）並列為地方衙門的三大武器。

166 薙刀

naginata

◆長度：1.2～3.0m
◆重量：2.5～5.0kg
◆時代：平安～江戶
◆地區：日本

　　薙刀是一種日本的長柄武器，刀身單刃有反彎，在槍出現之前，都是兩軍會戰的主要武器。用法是往下揮砍，加低空橫掃砍腳，或是用鐏部攻擊等，用法多樣。刀身幾乎與打刀（見他項記載）相同，不再使用於戰場之後，也有人把薙刀重新改造成刀。薙刀後來常當作女性的武器，像是以女性的名字為號等，即使到了現在，「薙刀」競技活動的參賽者也大多是女性。

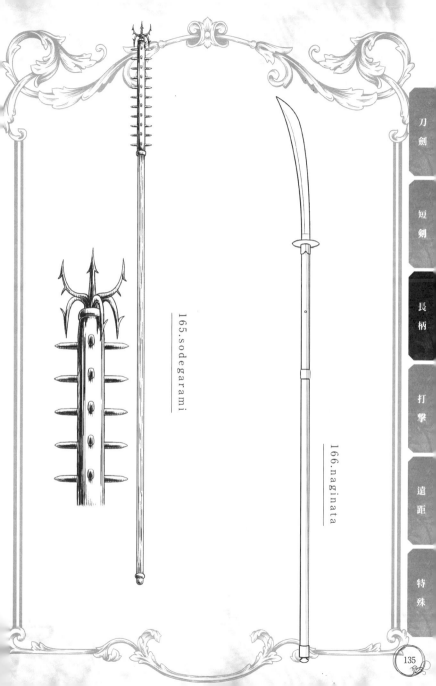

165.sodegarami

166.naginata

167 闊頭槍

partizan,partisan

◆長度：1.5～1.8m
◆重量：2.0～2.2kg
◆時代：15～17世紀
◆地區：西歐

　闊頭槍是一種槍頭雙刃且稍微寬大的長柄武器，名稱「partisan」指的是對抗體制或外國占領的遊擊組織，所以這原本是從事該種活動的農民所使用的武器。據說原型是在義大利誕生的一種槍頭較長的槍「牛舌槍」（langdebeve）。沒多久，正規軍隊也開始採用這種槍，後來被半長柄槍（見他項記載）所取代，然後就成為裝飾華美的儀式用武器，為波旁王朝或英國近衛兵所持有。

168 瑞士戟

halbert,halbard,halberd

◆長度：2.0～3.5m
◆重量：2.5～3.5kg
◆時代：15～19世紀
◆地區：歐洲

　瑞士戟是15世紀末葉，瑞士製造出來的武器，是一種戟頭融合了槍、斧與鉤爪的特色，攻擊方式多樣，可揮砍、戳刺、勾抓的多功能武器。有一說為原型是名為瑞士鉤斧（vouge）的一種，在前端尖銳的戰斧上附鉤爪的武器。這種武器在步兵對抗騎兵時，表現極為優異，全歐洲都流行與此大致相同的武器。此外，因為外觀十分有威迫感且設計精巧，也作為儀式武器使用。

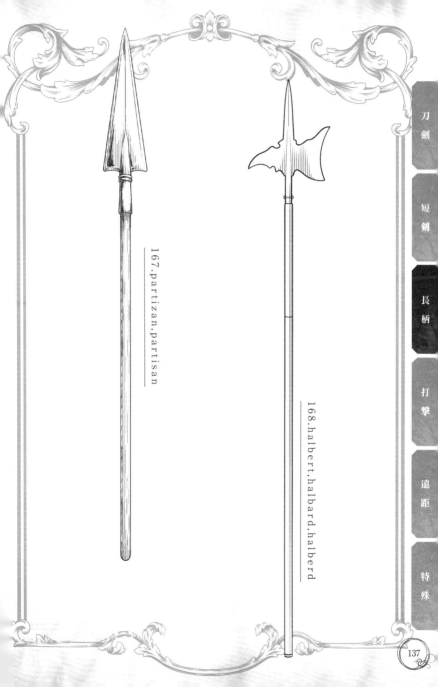

167.partizan.partisan

168.halbert.halbard.halberd

169 方天戟

houtengeki,fangtianji

◆長度：1.8～2.2m
◆重量：3.0～5.0kg
◆時代：宋～清
◆地區：中國

方天戟是中國的武器，是戟（見他項記載）的一種，用來戳刺的戟頭左右有稱為月牙的新月型戟刃，單邊月牙的稱之為青龍戟或戟刀。這種武器除了可戳刺、揮砍外，也可以用月牙格擋，或勾捲。方天戟是以《三國志》武將呂布的武器而聞名，但這只是小說裡的創作，實際上方天戟出現於宋朝以後。中國人似乎很喜歡在長柄武器上加月牙的這個想法，因而製作了很多複雜的武器，例如在握柄上加月牙的日月乾坤刀，或是在四枚月牙上分別用鎖鏈附掛圓銅的混天戳。

170 矛

bou,mao

◆長度：2.0～5.6m
◆重量：1.5～5.5kg
◆時代：商～唐
◆地區：中國

矛是從中國商朝開始使用的長柄武器，是當時的主要武器，戰車兵或步兵皆廣泛使用。雖然與槍（見他項記載）極為相似，不過槍是強化戳刺，矛則是矛頭的幅度較寬，也可以用來揮砍。矛重視揮砍，也有一種名叫蛇矛的武器，將矛頭製成波浪狀。

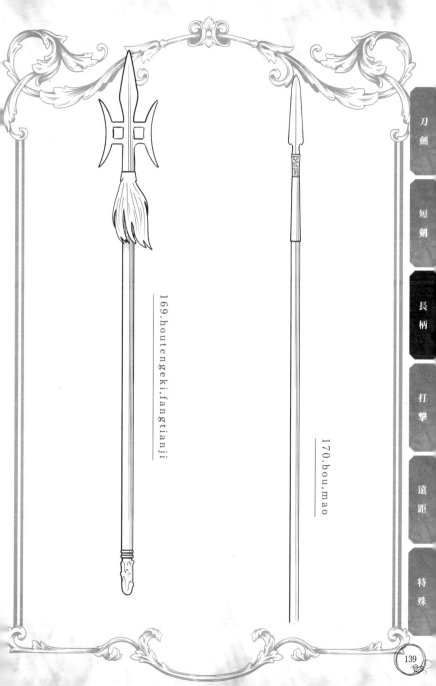

169.houtengeki,fangtianji

170.bou,mao

171 騎士長槍（騎槍）

l a n c e

◆長度：3.6～4.2m
◆重量：3.5～4.0kg
◆時代：6～20世紀
◆地區：歐洲

　　騎士長槍是歐洲的騎兵所使用的一種槍，西歐一般是用金屬製的圓錐形槍桿，加上尖銳的槍頭。槍桿根部有稱為「盾式護手」（vamplate）的傘狀護手，用來保護手掌。一般是抱在腋下往前衝，藉著馬匹的奔走之勢刺向敵人。在騎士之間盛行的錦標賽中，會改成使用上較安全的槍頭。東歐騎士長槍的槍頭更窄細尖銳，形狀接近長柄槍（見他項記載）。波蘭或俄羅斯的哥薩克騎兵曾使用這種武器，一直到第一次世界大戰都持續在使用。

172 長矛

l o n g   s p e a r

◆長度：2.0～3.0m
◆重量：1.5～3.5kg
◆時代：年代不詳
◆地區：全世界

　　長矛是組織戰用的武器，與戰術的發展同步產生。在戰爭中產生陣形或戰術的概念時，人們最先認為最有攻擊效果的，就是持矛密集進攻；這時的矛還很短，分類為短矛（見他項記載）。接下來出現使用戰車、弓或投石等用來擊毀陣形的對抗方式。對此，為了可以從更遠的距離攻擊、威嚇，矛的柄就變長了，這就是長矛的起源。這種武器在火器出現之前，是很多地區旳主要武器。

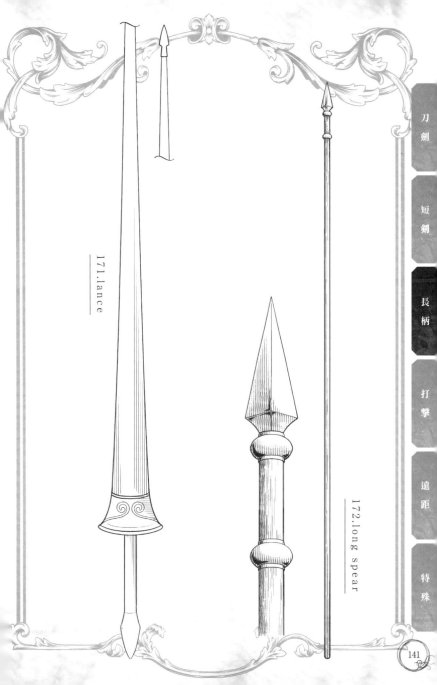

171.lance

172.long spear

173 錐騎槍

ahlspiess

◆長度：1.25～1.5m
◆重量：1.5～2.0kg
◆時代：15～16世紀
◆地區：西歐

　　錐騎槍是西歐的一種衝刺長槍，擁有極長又巨大的四角錐狀槍頭，槍頭接近全長的一半，可以將敵兵完全貫穿。槍上有圓形的護手，木製的槍桿用鞣製皮革螺旋狀纏繞。神聖羅馬帝國只有在1497～1500年的三年間製造，供波西米亞地區的騎兵使用。

174 圖阿雷格細槍

allarh

◆長度：1.5～2.1m
◆重量：2.0～3.0k
◆時代：16世紀～現代
◆地區：北非

　　圖阿雷格細槍是非洲撒哈拉沙漠的遊牧民族圖阿雷格族所使用的長槍，整體都是金屬製，槍桿極細。這種長槍不只能用來戳刺，也可以用薄薄如銀杏葉開展的鐏部揮斬。長度沒有一定，比持槍者的身高再多一個頭身最為恰當。尼日南部的圖阿雷格細槍為了可以用來投擲，大多較短。

175 錐槍

awl pike

◆長度：3.0～3.5m
◆重量：2.5～3.0kg
◆時代：15～16世紀
◆地區：歐洲

　　錐槍是一種槍頭呈四角錐狀的槍，是由錐騎槍（見他項記載）演化而來，槍桿和槍頭都拉得更長，因為不須要保護手掌，所以也產生了一些沒有護手或側面也有刃的錐槍。雖然這種槍也可以貫穿金屬製的鎧甲，但之後便宜又單純的長柄槍成為主流，這種槍頭較長的槍就消失了。

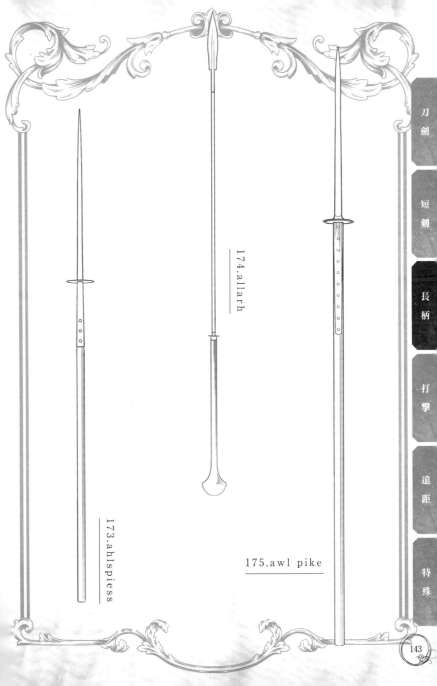

174.allarh

173.ahlspiess

175.awl pike

176 大身槍

omiyari

◆長度：2.3～3.0m
◆重量：3.5～6.0kg
◆時代：室町～江戶
◆地區：日本

　　大身槍是日本從室町時代末期到江戶時代所使用的一種槍，槍頭較長，也稱為穗長槍、長身槍，槍頭超過一尺（約30公分），大多分類為大身槍。與一般的素槍相比，重量極重，會多費一點巧思使其更加輕盈，例如在槍身刻溝等。即使如此也是極難使用，也有人質疑這種槍在混戰時是否能發揮功效。

177 鍵槍

kagiyari

◆長度：2.0～4.0m
◆重量：2.0～3.5kg
◆時代：安土桃山～江戶
◆地區：日本

　　鍵槍是戰國時代產生的日本槍，槍頭的根部有安裝一種名為「橫手」的可拆卸鉤狀金屬條，這是用來格擋或是勾取對方的槍，有十文字鍵、卍鍵、單側鍵、雙側鍵等。據說這個設計非常好用，關原會戰（1600年）後所使用的槍，大多都是這種鍵槍。

178 鎌槍

kamayari

◆長度：2.5～3.0m
◆重量：2.8～3.5kg
◆時代：安土桃山～江戶
◆地區：日本

　　鎌槍是槍頭有岔分支刃的槍之總稱，一枚支刃稱為單鎌槍，二枚是十文字槍，其他也會因為支刃的長度或刃尖的朝向而細分為其他不用稱法。與鍵槍（見他項記載）不同，槍頭本身經過加工，槍刃分歧處的結構較薄弱，稍微容易損壞。因此，雖然是優異的武器，但要很熟練才能用得順手。

刀劍

短劍

長柄

打擊

遠距

特殊

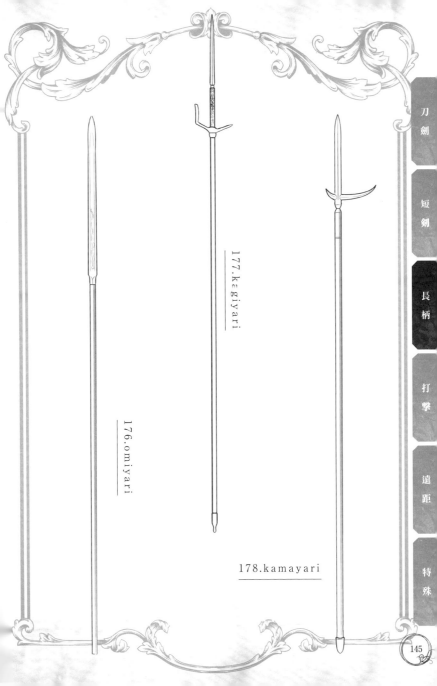

177.kagiyari

176.omiyari

178.kamayari

179 菊池槍

kikuchiyari

◆長度：2.0～2.5m
◆重量：1.5～2.0kg
◆時代：南北朝～室町
◆地區：日本

　　菊池槍是南北朝時代，九州筑紫地方所使用的槍，特徵是槍頭形狀是像短刀一樣的單刃。這是源自於南朝豪門出身的菊池武光，將短刀綁在竹竿前端，讓士兵使用而來。用這種武器，菊池以兵千人破三千人之軍，為人讚頌「菊池千本槍」。日本在戰爭中使用長槍，也是由此開始。

180 燭台槍

candle stick

◆長度：3.0～5.5m
◆重量：3.5～5.5kg
◆時代：15～16世紀
◆地區：歐洲

　　燭台槍是歐洲曾使用的長槍，其特徵是圓錐形的槍頭與圓盤狀的護手，名稱的由來是因為形狀很像燭台。槍頭無刃，是一種強化戳刺的長槍。15～16世紀是最興盛的時期，但起源相當古老，英國在更早的幾世紀前似乎就有燭台槍。

181 德式偃月刀

couse,kuse

◆長度：2.2～2.8m
◆重量：2.5～3.2kg
◆時代：16～17世紀
◆地區：西歐

　　德式偃月刀是16～17世紀德國所使用的一種西洋大刀（見他項記載），主要是宮廷的近衛兵所使用。鋒刃長達80公分左右，刀身寬，微彎具雙刃。刀面細密精緻地刻有皇帝的名號或各種紋路，展現威嚴。由於裝飾豪華，德式偃月刀在現代也被奉為昂貴的美術品。

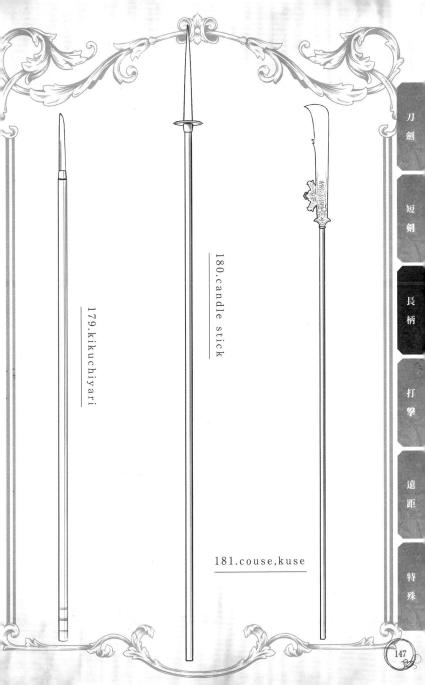

179.kikuchiyari

180.candle stick

181.couse,kuse

182 管槍

kudayari

◆長度：3.36m
◆重量：3.5kg
◆時代：戰國中期～江戶
◆地區：日本

管槍是槍桿套著圓管來使用的日本長槍，稱為手管的圓管上有附鉤爪的護手，平常將鉤爪勾在槍桿上的突起（鎬卷）上，以便隨時可以使用手管。一手握住手管，後一手握住槍桿後方往前推，可以疾速戳刺，管槍因此也寫作「早槍」。

183 西洋大刀

glaive

◆長度：2.0～2.5m
◆重量：2.0～2.5kg
◆時代：12～17世紀
◆地區：歐洲

西洋大刀是12世紀左右誕生於歐洲的長柄武器，刀刃部分是刀尖銳利的單刃，中央較寬，據說原本是美索不達米亞文明的農具——大型鐮刀，是以圓月砍刀（見他項記載）長柄製成。16世紀之後，地位被瑞士戟（見他項記載）、義大利月牙鑲（見他項記載）所取代，變成儀式用或近衛兵的裝備。

184 戟

geki,ji

◆長度：2.0～3.8m
◆重量：2.5～3.0kg
◆時代：商～宋
◆地區：中國

戟是中國從商朝到宋朝所使用的長柄武器，外形融合了長柄加上橫刃的「戈」，與刃部筆直的「矛」。利用這個外形可以使用複合的戰鬥法，像是將馬上的敵人勾住扯下，再刺殺。種類有分為單手持的手戟，與雙手持的長戟，各個兵種都有很多人使用。

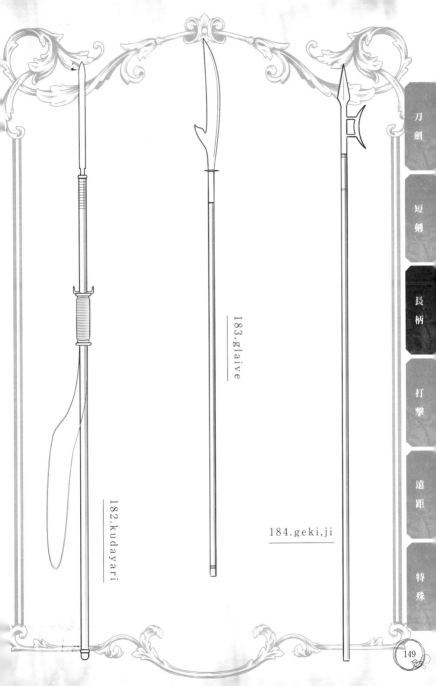

182.kudayari

183.glaive

184.geki,ji

185 鉤鐮槍

kourenso,goulianqiang

◆長度：2.0～2.5m
◆重量：1.8～2.2kg
◆時代：唐～清
◆地區：中國

　　鉤鐮槍是槍頭附鉤的槍，上面有一枚或二枚極為彎曲的倒鉤，之所以會如此彎曲，是因為特別強化用來摺倒對手，是步兵用來對抗騎兵的重要武器。即使到了現代，某些國家的警察也引進了以鉤鐮槍為原型而製造的捕捉工具，用來勾住騎機車等交通工具逃走的犯人，將其扯下。

186 義大利月牙鑽

corsesca

◆長度：2.2～2.5m
◆重量：2.2～2.5kg
◆時代：15～17世紀
◆地區：西歐

　　義大利月牙鑽是15世紀誕生於義大利的一種三叉長槍，三角形的槍頭從左右延伸出往上彎曲的刃。這種彎刃除了可以用來抵擋對手的攻擊，還可以防止刺得過深無法拔出。此外，也能有效將馬上的敵人勾住扯下來。這種武器推廣到了歐洲各地，尤其在法國最常使用。

187 叉

sa,cha

◆長度：2.8～3.0m
◆重量：2.2～2.5kg
◆時代：唐～清
◆地區：中國

　　叉是中國所使用的一種前端分叉的戳刺武器，有二叉與三叉，據說是由農具或捕漁用具所演化而來。分歧的刃部可以提高命中率，造成複雜的傷口。在防禦上也有很大的優勢，能擋下對手的攻擊。三叉的騎兵也會使用，又有分左右叉刃向上的文叉，與單邊叉刃向下的武叉。

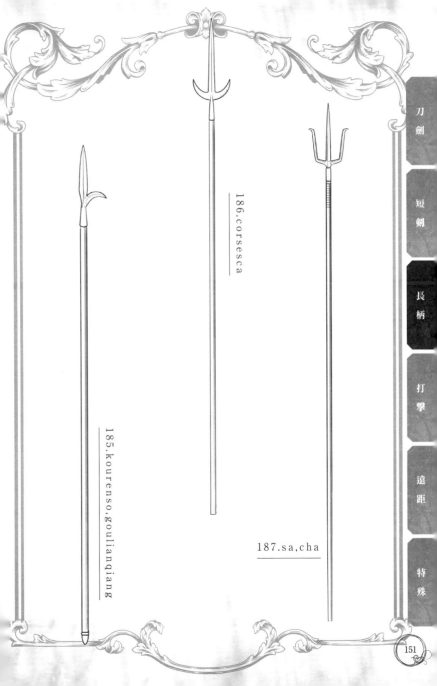

186.corsesca

185.kourenso.goulianqiang

187.sa,cha

刀劍

短劍

長柄

打擊

遠距

特殊

188 長柄大鎌

scythe

◆長度：2.0～2.5m
◆重量：2.2～2.5kg
◆時代：16～20世紀
◆地區：歐洲

長柄大鎌是歐洲的一種長柄大鎌刀，這是用來割草的農具，也因為農民很習慣使用這種巨大的鎌刀，所以常常用來當作武器。到了近代之後，農民軍所使用的與其說是鎌刀，外形還比較接近薙刀（見他項記載）。雖然如此，這最多也只是臨時拿來用的武器，並沒有成為軍隊的制式裝備。

189 槊

saku,shuo

◆長度：4.0～6.0m
◆重量：5.0～9.0kg
◆時代：三國～清
◆地區：中國

槊是中國長型重槍的總稱。騎兵所使用的稱為馬槊，為了能夠單手操作，槊柄上有繩索用來掛在肩上。攻擊時不是用臂力揮舞，而是利用馬匹的衝刺力道。步兵使用的稱之為步槊，功用相反，用來防止馬的衝刺。有些槊頭有倒鉤，容易刺入不好拔出。

190 刺股

sasumata

◆長度：2.5m～3.0m
◆重量：2.0～3.5kg
◆時代：室町～江戶
◆地區：日本

刺股是室町時代從中國傳到日本的兵器，江戶時代定型成為警備或捕捉犯人的用具。刺股的前端為U字型，用來封夾對手的手臂、脖子或腳。這種兵器不只是用來追捕犯人，村裡的義消也會用它來破壞正在延燒的房屋，阻止火勢。可以看到日本現代的地圖上，用刺股模樣的記號來標示消防局。

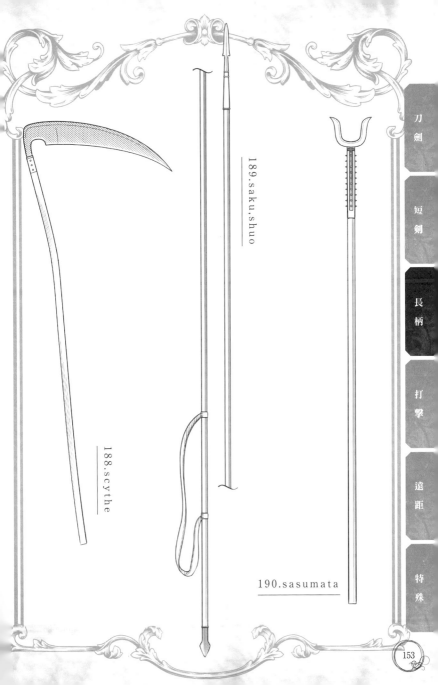

188.scythe

189.saku,shuo

190.sasumata

191 薩里沙長矛

sarissa

◆長度：3.0～6.0m
◆重量：4.5～6.0kg
◆時代：4B.C.～2B.C.
◆地區：古希臘

薩里沙長矛是古希臘的馬其頓軍所使用的長矛，為了讓矛桿更長，是用金屬管將二根棒子連接起來作成，矛頭與鐏都可拆卸替換。這種矛是密集的槍陣前進壓制方陣戰法之核心，雖然外形與時共進，逐漸變大抽長，但太長的矛仍難以使用，有損部隊的機動力。

192 鏟

san,chan

◆長度：1.5～3.0m
◆重量：10～25kg
◆時代：明～清
◆地區：中國

鏟是一種中國武器，具有名為「月牙」的新月型彎刃，據說原本是用來當農作工具的鏟子，或工匠的刨刀。有一些鏟的鐏部像槍頭一樣，或是長柄的兩端都有月牙，就像《西遊記》的沙悟淨和《水滸傳》的魯智深和尚拿的一樣，是僧侶使用的兵器，所以也稱為禪杖。

193 蒜頭骨朵

santoukotsuda,suantouguduo

◆長度：1.8～2.1m
◆重量：3.0～3.5kg
◆時代：宋～清
◆地區：中國

蒜頭骨朵是中國的宋朝到清朝的打擊用長柄武器，打擊武器光用敲擊就能展現威力，在鎧甲發達的宋代以後急速發展。這種兵器前端的錘子形狀很像大蒜，因而稱為蒜頭。錘子部分是由木塊或木塊包金屬製成，擁有尖銳的鐏部，也可以用這部分戳刺對手。

刀劍

短劍

長柄

打擊

遠距

特殊

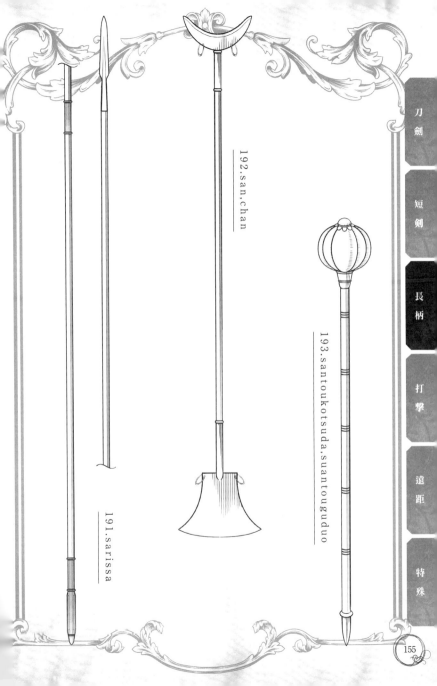

192.san.chan

193.santoukotsuda,suantouguduo

191.sarissa

刀劍

短劍

長柄

打擊

遠距

特殊

194 傑德堡戰斧

jedburg axe, jeddart axe

◆長度：2.5～2.8m
◆重量：2.8～3.2kg
◆時代：15～18世紀
◆地區：西歐

　傑德堡戰斧是蘇格蘭與英格蘭的戰爭中所使用的戰斧。木製長柄上有波浪形的斧刃，而且前端尖銳，斧刃的反側有鉤爪。是像瑞士戟（見他項記載）一樣，具備扯翻、揮砍、戳刺這三種要素的多功能武器。

195 短矛

short spear

◆長度：1.2～2.0m
◆重量：0.8～2.0kg
◆時代：年代不詳
◆地區：全世界

　短矛是無論什麼時代、什麼區域都有人在使用的槍型武器，是一種木棍前端附尖銳矛頭、構造單純的武器，從史前狩獵生活時代就已存在。這種武器除了可以戳刺，也可以用來投擲。以戰場上的武器來說，可以用在各種戰鬥局面上，像是團體戰、騎兵戰、遠距離戰鬥等，在火器發明之前，是地球上最普及的武器。

196 蠍形鉤槍

scorpion

◆長度：2.2～2.5m
◆重量：2.5～3.0kg
◆時代：16世紀
◆地區：西歐

　蠍形鉤槍是英國所使用的長槍，擁有綜合形狀的槍頭，像是戳刺用的長槍尖、揮砍用的寬刃或勾扯用的鉤爪等。命名是源於外形給人的印象，意思是有鉗子或毒尾的蠍子。英國自古以來，就有複合型刃部之長槍演進的歷史，蠍形鉤槍就是其中之一。

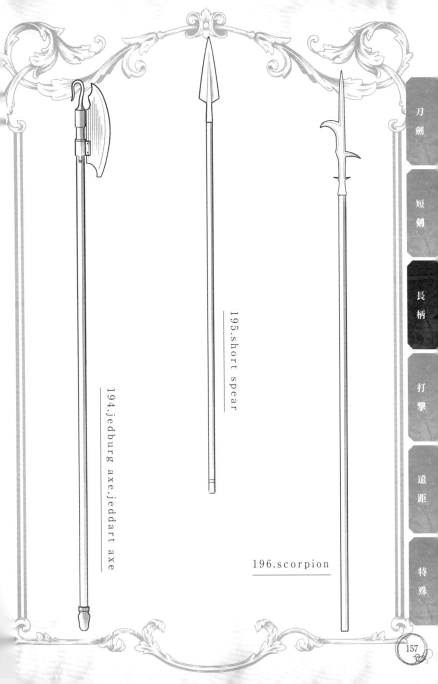

194.jedburg axe.jeddart axe

195.short spear

196.scorpion

197 竹槍

takeyari

◆長度：4.0m前後
◆重量：1.8～2.5kg
◆時代：戰國～近代
◆地區：日本

　　竹槍是日本使用的即席製作長槍，有竹子為槍桿，前端裝前槍頭的，也有單純只是將前端削尖，或用油浸透前端再以火燻烤使其硬化者。雖然構造很單純，但槍身輕盈，殺傷力也算不錯。除了中世紀的農民或賭徒使用以外，近代在第二次世界大戰時，民間防禦組織也使用這種武器。

198 筑紫薙刀

tsukushi naginata

◆長度：2.5m～3.5m
◆重量：3.0～4.0kg
◆時代：平安～鎌倉
◆地區：日本

　　筑紫薙刀是從平安時代到鎌倉時代，主要在九州地區廣泛使用的一種薙刀（見他項記載）。當時日本的長柄武器，一般是柄舌插入柄中的形狀，但筑紫薙刀的特徵是在刀身鍛接金屬環，將長柄嵌入其中。據說其原型是中國的戟（見他項記載）。

199 突棒

tsukubou

◆長度：2.0m～2.5m
◆重量：2.5～3.0kg
◆時代：室町～江戶
◆地區：日本

　　突棒是日本室町時代到江戶時代，用來警戒或捕捉犯人的用具。外形是在木製長柄的前端裝設有棘刺或鐵鉤的鐵製橫棒。柄的前端到三分之一左右的地方，有包覆鐵製的棘刺，避免讓人砍斷或是抓扯過去。主要的使用方式是勾住衣服把對方扯倒。

刀劍

短劍

長柄

打擊

遠距

特殊

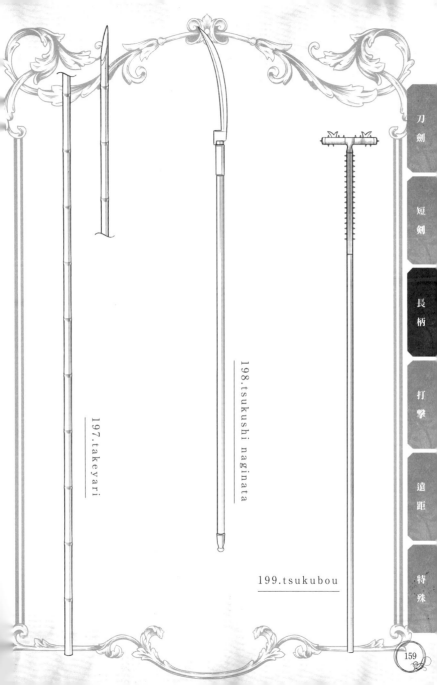

197.takeyari

198.tsukushi naginata

199.tsukubou

200　阿茲特克長矛

tepoztopilli

◆長度：1.8～2.2m
◆重量：2.0～2.5kg
◆時代：12～16世紀
◆地區：中美洲

　　阿茲特克長矛是阿茲特克人使所用的矛，木製的矛桿，矛頭上嵌有一排磨尖的黑曜石刃，外表的裝飾或刃形都和阿茲特克黑曜石鋸劍有共通之處。「Tepoztopilli」指的是「用來截刺的槍」，但也會用矛頭揮砍。從遺留在壁畫中的模樣來看，似乎是單手拿取，同時裝備圓形的盾。

201　銅拳

douken,tongquan

◆長度：1.5～1.8m
◆重量：1.8～2.0kg
◆時代：明～清
◆地區：中國

　　銅拳是中國明朝製作的打擊用武器，外表是在長柄的前端裝上金屬製的重塊，這個重塊的樣貌奇特，是模仿人類的拳頭握著鐵釘的樣子。這雖然是一種戲謔表現，但在視覺上讓人覺得恐怖的效果也很強大。類似的武器還有魁星筆（學問之神所持之筆），是以握筆的形狀取代握鐵釘。

202　蒙兀兒雙尖槍

do sanga

◆長度：1.5～1.8m
◆重量：1.6～2.0kg
◆時代：16～17世紀
◆地區：印度

　　蒙兀兒雙尖槍是蒙兀兒帝國中，步兵與騎兵都會使用的雙叉長槍，據說是以波斯的騎兵所使用的槍為原型。槍頭有嵌入式的波浪形槍刃，可用來截刺與揮砍。步兵用的槍桿稍長，歐洲稱為叉形槍（forks pike）。

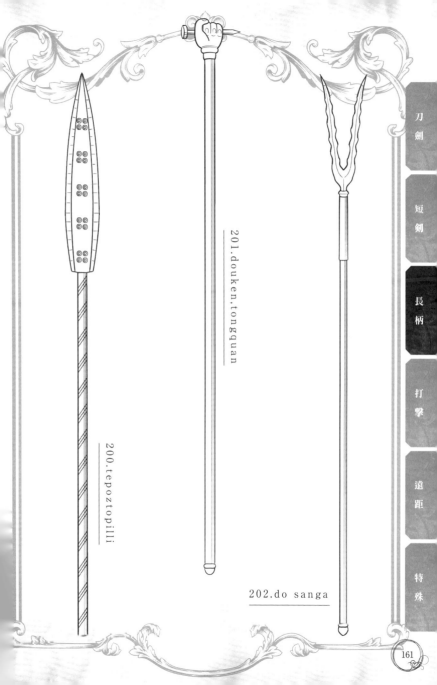

201.douken,tongquan

200.tepoztopilli

202.do sanga

203 三叉戟

trident,tridens

◆長度：1.5～2.0m
◆重量：2.0～2.8kg
◆時代：年代不詳～19世紀
◆地區：歐洲

三叉戟是歐洲的三叉長槍，中央的槍頭是用來戳刺，往左右兩邊伸出的刃，可以讓避開戳刺的對手受到割傷，此外，這形狀也適合用來防禦，可以阻擋對方的攻擊。原本是捕魚用具，也用來當作農耕用具。古羅馬的劍鬥士也使用同樣的武器。

204 薙鐮

naigama

◆長度：2.0～3.2m
◆重量：1.8～3.0kg
◆時代：鎌倉～安土桃山
◆地區：日本

薙鐮是鎌倉時代製造的一種長柄前端附鐮刀的日本武器。有各種攻擊方式，像是鉤割脖子或手臂、鉤奪武器、割腳等，也有專門的武術流派。另外，安土桃山時代，名為「除藻」的水軍，也用這種武器來割斷纏住船舵船槳的水草，或是將敵船鉤拉過來，這時用的是鐮刀較小的薙鐮。

205 長卷

nagamaki

◆長度：180～210cm
◆重量：5.0～7.0kg
◆時代：室町～安土桃山
◆地區：日本

長卷是日本室町時代產生的混戰用武器，原型是將野太刀（見他項記載）的刀柄續接延長，用法與外形介於薙刀（見他項記載）與野太刀間，是一種以些微力道即可使用，威力也頗高的武器。另外，有一些長卷也在鐔部裝設小型尖刃，這種長卷一擊未中還可以反轉攻擊。

刀劍

短劍

長柄

打擊

遠距

特殊

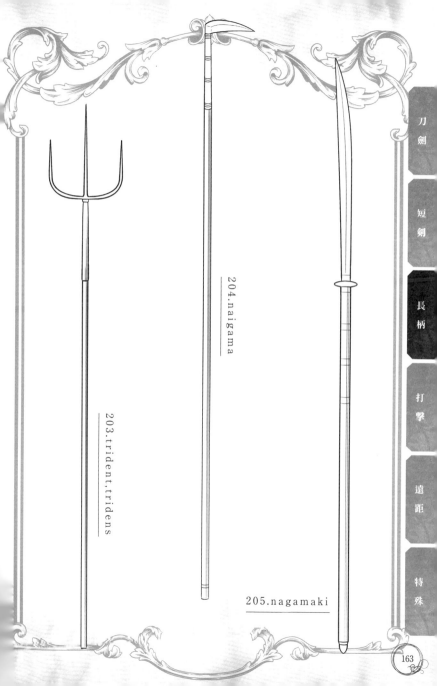

204.naigama

203.trident,tridens

205.nagamaki

206　半長柄槍

◆長度：1.8～2.5m
◆重量：1.5～2.2kg
◆時代：17～19世紀
◆地區：西歐

half pike

　半長柄槍是歐洲的一種寬頭槍，是步軍部隊的下級士官所使用的武器，用來指揮部隊，所以也稱為指揮槍（leading staff）。半長柄槍當然也能用來當槍使用，但這種槍也發揮了一種像部隊記號、標誌的功能，在戰鬥結束時，數算有幾把半長柄槍佇立，就可以大致看出有多少下級士官存活。

207　長柄槍

◆長度：5.0～8.0m
◆重量：3.5～5.0kg
◆時代：15～17世紀
◆地區：歐洲

pike

　長柄槍是歐洲用來對抗騎兵的長槍，是瑞士人所設計的武器。這種槍是在巨長槍桿插進嵌入式槍頭，單是橫槍待陣，就有讓騎兵無法靠近的效果；像是將槍頭朝向對方插在地面建立防陣，就可將攻擊交給火槍兵或炮兵。長柄槍兵是用來讓火槍兵與砲兵不受騎兵攻擊的防禦性兵種。

208　戰鬥鉤

◆長度：2.0～2.5m
◆重量：2.0～3.0kg
◆時代：13～16世紀
◆地區：歐洲

battle hook

　戰鬥鉤是一種極為簡樸的武器，只在長柄前端附一根鉤爪。13到16世紀，為歐洲的農民或民兵所使用，是用來對抗重裝步兵或重騎兵的武器，目的是將對方勾住使其落馬或摔倒。這種武器本身沒有殺傷性，攻擊方法是將人鉤倒後，再由幾個人撲上去用鈍器給對方致命一擊。

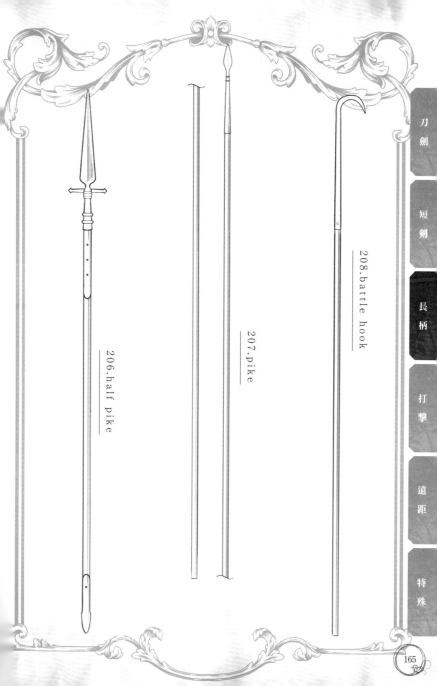

208. battle hook

207. pike

206. half pike

209 砍刀斧

berdysh

◆長度：1.2～2.5m
◆重量：2.0～3.5k
◆時代：16～18世紀
◆地區：東歐

　　砍刀斧是東歐步兵所使用的長柄武器，是具有類似斧頭的大型刀刃的矛類武器，用劈砍的方式攻擊。柄的長度有短有長，長的和長柄槍（見他項記載）同樣，作用是保護火槍兵不受騎兵攻擊；短的與此相反，是用來攻擊騎兵。此外，也有儀式用的超大型的砍刀斧，名為「大使」。

210 眉尖刀

bisentou,meijiandao

◆長度：2.5m～3.0m
◆重量：15～25kg
◆時代：宋
◆地區：中國

　　眉尖刀是宋朝製作的一種中國大刀，因刀刃形狀如眉而得名。刀背有微幅反彎的單刃刀，很適合用來橫刀揮砍。刀根的地方有附鉤或吞口，這是用來防禦而設。在日本的別名為薙刀（見他項記載），但出現的年代是薙刀較為古老，兩種刀似乎沒有直接關係。

211 長柄鍘

bill

◆長度：2.0～2.5m
◆重量：2.5～3.0kg
◆時代：13～18世紀
◆地區：歐洲

　　長柄鍘是歐洲的一種矛類武器，原本是用來削砍高處的樹枝用的農具，刀頭有幾乎呈直角彎曲的鉤狀單刃，刀尖處有一個稱為端的刺尖。這種鍘刀可以用來揮、劈、鉤等，適合用來將馬上的敵人扯落再加以攻擊。也許是因為用處極大，所以法國的一部分下級士官，一直到18世紀中葉都有在使用。

刀劍
短劍
長柄
打擊
遠距
特殊

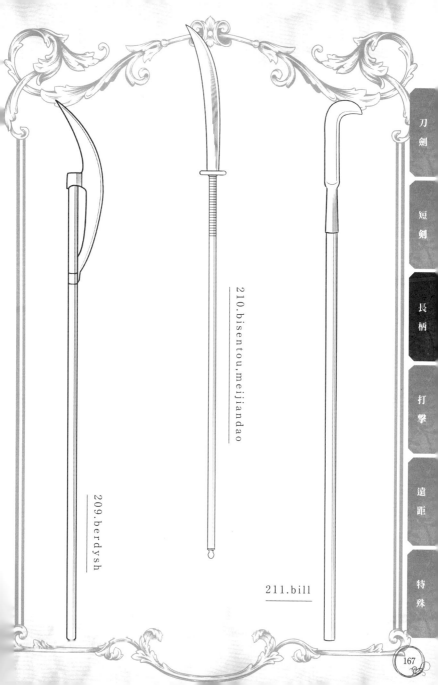

209.berdysh

210.bisentou.meijiandao

211.bill

刀劍

短劍

長柄

打擊

遠距

特殊

212 羅馬雙尖木槍

pilum muralis

◆長度：1.8～2.0m
◆重量：1.0～1.3kg
◆時代：2B.C.～3A.D.
◆地區：古羅馬

　　羅馬雙尖木槍是古羅馬軍所使用的木製長槍，外形是長長的木棒兩端呈尖銳的四角錐狀，中央是握柄。用途是在野外防禦遇到突襲時，可以用來截刺或投擲，據說是一種既長且輕、十分好使的武器。乍看之下似乎是臨時趕製的武器，但其實是用堅固的木材削製而成，製作上相當耗費時間。

213 步兵長斧

footman's axe

◆長度：2.0～2.5m
◆重量：2.0～3.0kg
◆時代：15～20世紀
◆地區：西歐

　　步兵長斧是英國人所使用的戰斧，斧柄前端連接的是槍的槍頭與新月形的斧刃，附鉤爪，其形狀和使用目的與瑞士戟（見他項記載）幾乎相同。這種武器正如其名，是步兵用的戰斧，對抗騎兵的能力十分高強，可說是英國最受人喜愛的武器，形狀有各種變化。

214 競技騎槍

bourdonasse, bourdon

◆長度：2.0～2.5m
◆重量：1.5～2.5kg
◆時代：16～17世紀
◆地區：歐洲

　　競技騎槍是木製的競技用騎槍（見他項記載），用於騎士的馬上競技。以輕盈柔軟的白楊木製造，槍身中空，觸碰到很容易就折斷，使用這種競技騎槍後，競賽中的傷亡事故大幅減少。折斷的競技騎槍可以更換新品繼續比賽，直到其中一方落馬為止。

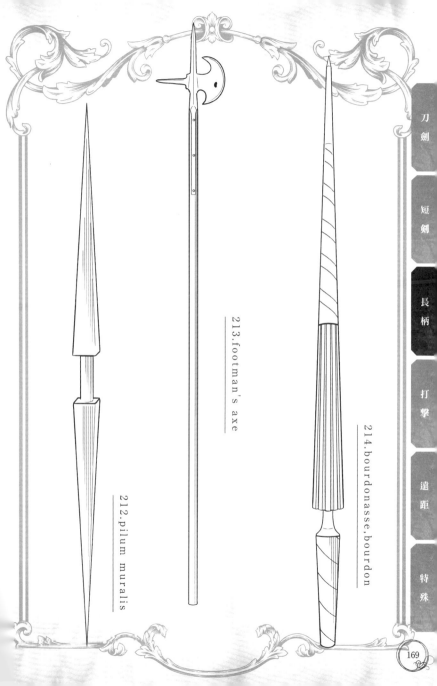

213.footman's axe

214.bourdonasse.bourdon

212.pilum muralis

215　長柄大斧

poleaxe

◆長度：1.8～2.1m
◆重量：2.5～2.9kg
◆時代：15～16世紀
◆地區：西歐

　　長柄大斧是丹麥日耳曼人所使用的戰斧，外形是金屬製的斧柄前端有附用來截刺的尖刺，以及敲擊用的鐵鎚與劈砍用的斧刃。有一些長柄大斧的鐏部尖銳，也可以用來攻擊。雖然與戰鎚（見他項記載）相似，不過長柄大斧是為了讓戰斧能對抗重騎兵而演化出來的形式，與戰鎚不同的是柄上有圓形護手，為雙手武器。

216　日本矛

hoko

◆長度：2.0～3.0m
◆重量：2.5～3.5kg
◆時代：古墳～戰國
◆地區：日本

　　日本矛是日本的長柄武器，從青銅器時代便已存在，用來當作祭器。長柄前方有刃的形狀，看起來與槍（見他項記載）沒有太大的差別，但是槍的槍頭是插入槍桿中固定；相對地，矛是矛頭有管狀插槽，將矛柄嵌入其中。槍和矛也有許多其他的不同之處，例如矛的矛頭形狀微帶圓弧，單手持矛，另一手拿盾等。

217　狼筅

rousen,rangxian

◆長度：4.0～4.6m
◆重量：2.0～2.5kg
◆時代：明（14～17世紀）
◆地區：中國

　　狼筅是中國明朝所設計的特殊長槍，是在末清除竹枝的竹子之前端裝設槍頭，這些竹枝可以發揮防禦的效用，使用狼筅者會站在最前方，阻擋對手的攻擊。類似的武器為筅槍，筅槍是將有分枝的樹枝插入槍桿，前端裝設槍頭。不過，無論哪一種都體積龐大，難以帶著行走。

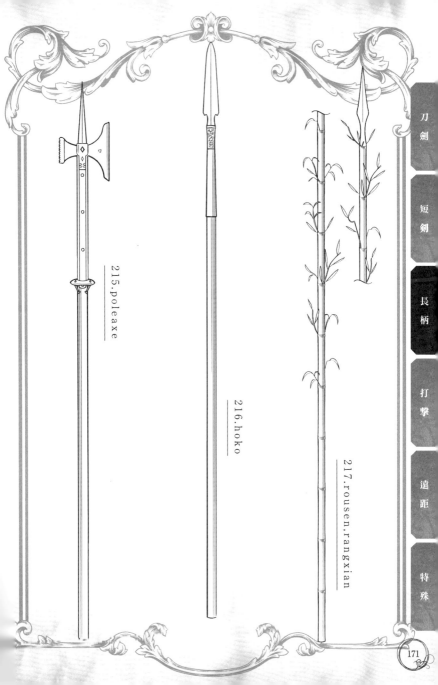

215.poleaxe

216.hoko

217.rousen.rangxian

長柄武器圖解

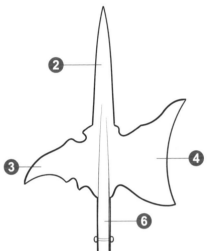
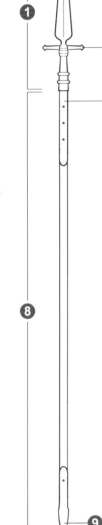

長柄武器

pole weapon

①槍頭、矛頭、頭部（supiarheads）
②槍尖、矛尖、尖端（spike）
③鉤爪（fluke）
④斧刃（axe blade）
⑤鐔、護手（guard）
⑥插槽（socket）
⑦補強用金屬條（langet）
⑧槍桿、矛柄、戈秘、戟身（pole/shaft）
⑨鐏、鐓（butt）

刀劍
短劍
長柄
打擊
遠距
特殊

4章
打擊

克蘿愛

好沮喪，刀劍類的武器都砍不動甲殼類的怪物。

馬庫斯

想用物理攻擊打倒那種護甲堅硬、刀劍砍不動的對手，用打擊武器比較有效哦！

蕾雅

像是釘頭錘、戰鎚之類的！不過，那要力氣很大才能用哦，克蘿愛妳沒問題嗎？

克蘿愛

我很會敲東西，像是做炸豬排的時候，我都有努力敲肉。

蕾雅

這跟那個有關係嗎？

馬庫斯

打擊武器的前端很重，所以要努力鍛練身體，讓自己不要被武器牽著鼻子走才行。由於重量很重，揮動的幅度變很大，所以要留意自己本身的防禦，不要變成中門大開。

218 戰鎚

w a r　h a m m e r

◆長度：50～200 cm
◆重量：1.5～3.5 kg
◆時代：13～17世紀
◆地區：歐洲

　　戰鎚是中世紀歐洲所使用的打擊武器，握柄前端附有鐵鎚狀的鎚頭，對付鎧甲或頭盔效果十足。有一些戰鎚的斧柄尾端有斧刃，或是像十字鎬一樣的鉤爪、像長槍一樣的槍頭，另外也有一些是將鑄部削尖。一開始主要是步兵在使用，爾後也開發出斧柄較短的騎兵用戰鎚。「hammer」在日耳曼語中是「石頭製造的武器」之意。

219 掛矢

k a k e y a

◆長度：80～120 cm
◆重量：3.0～3.5 kg
◆時代：平安～江戶
◆地區：日本

　　掛矢是日本平安到江戶時代所使用的大型木槌，用青剛櫟等堅硬的木材製造，由長柄與巨大的槌頭這兩部分構成。原本是用來將柱子或大木樁敲進地面的工具，在戰場上使用時，當作戰略性工具的情況比較多，像是設置阻止敵人前進的木樁或柵欄，以及敲毀城門或障礙物等。不過也有人拿來當作個人肉搏戰的武器，像源義經的家臣，一代豪傑弁慶所使用的七項武器中就有包括掛矢。

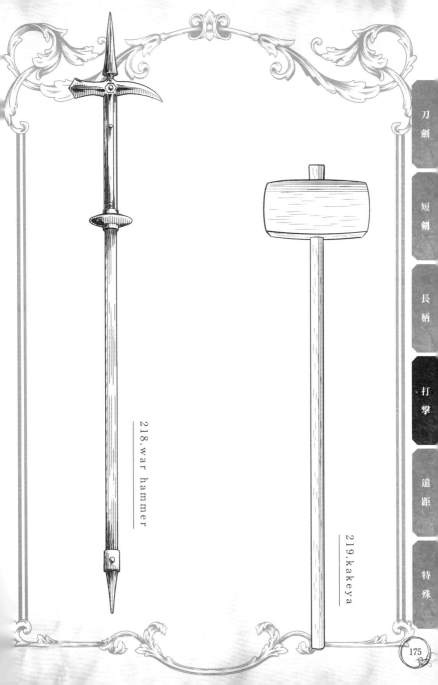

218.war hammer

219.kakeya

220 金碎棒

kanasaibou

◆長度：200～350 cm
◆重量：3.0～5.0 kg
◆時代：鎌倉～室町
◆地區：日本

　　金碎棒是日本鎌倉到室町時代所使用的打擊武器，是將堅硬的木材加工成六角形或八角形的大型棍棒，再打入稱為「星」的尖削或鉚釘，接近古代傳說中所謂的「惡鬼的鐵棒」。後來也出現表面包覆金屬條或鐵板以強化威力，或是用金屬鍛造、鑄造而成的金碎棒。像這樣的武器乃是力量強大的象徵，不過，戰鬥的形式由重視個人能力慢慢轉變為團體戰術之後，金碎棒也跟著消失了。

221 槍托棍

gunstock warclub

◆長度：60～100 cm
◆重量：0.6～1.0 kg
◆時代：18～20世紀
◆地區：北美

　　槍托棍是北美原住民所使用的木製棍棒，由於形狀與槍托相似，在介紹給歐洲人時，歐洲人為其如此命名。從18世紀開始有文獻紀錄，但在那之前就已經持續使用，起源不明。整體呈「く」字型彎曲，曲弧外側有個尖銳的突起，這個突起有一些為金屬製。這種武器有很多攻擊方式，除了用突起的部分戳刺以外，也可以投擲，或是用曲弧的內側勾扯擊打敵人。

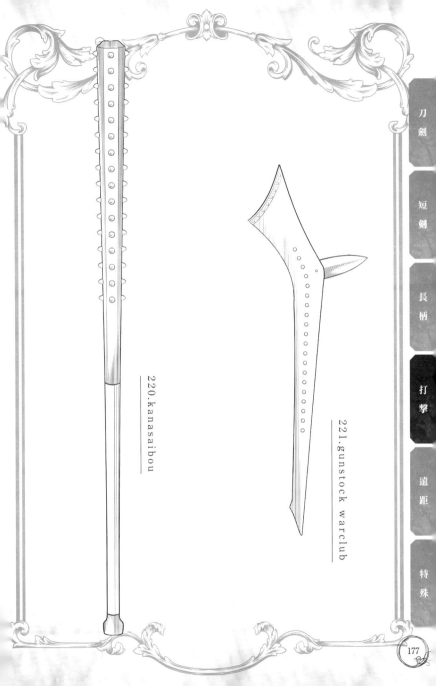

220.kanasaibou

221.gunstock warclub

刀剣 短剣 長柄 打撃 遠距 特殊

222 日安連枷

godendag

◆長度：180～220cm
◆重量：3.0～3.5kg
◆時代：14世紀
◆地區：歐洲

日安連枷是14世紀歐洲的武裝農民等階級所使用的一種打擊武器，「godendag」這個名稱具有諷刺意味，意思是「日安」。是以農作用具改良而成的步兵槤枷（見他項記載）的一種，外形結構是以金屬製的鎖鏈連接長棍與攻擊用的短棍。攻擊用的短棍上附有數個金屬製的尖銳棘刺，形狀多樣。1302年，於現在比利時的法蘭德斯所發生的叛亂中，以農民為中心的民兵便使用這種武器，讓法國的重騎兵受到巨大的損傷。

223 鴉喙戰鎬

zaghnol

◆長度：50～70cm
◆重量：0.5～1.5kg
◆時代：16～18世紀
◆地區：南亞

鴉喙戰鎬是從16世紀開始在印度或波斯等地使用的武器，外形是長柄加上金屬製的鳥喙狀鎬頭，「Zaghnol」是「烏鴉的鳥喙」的意思。鎬頭為雙刃，有一些尖端又分為二。鴉喙戰鎬除了可以敲擊，也可以勾住砍斷，或是從馬上將敵人扯下來，是一種介於戰鎬（他項記連）與斧（見他項記載）之間的武器。此外，也可用於攀登牆壁。據說原型是居住在巴基斯坦附近的本努奇人（Banochie /Bannochi）的武器「洛哈戰鎬」（Lohar）。

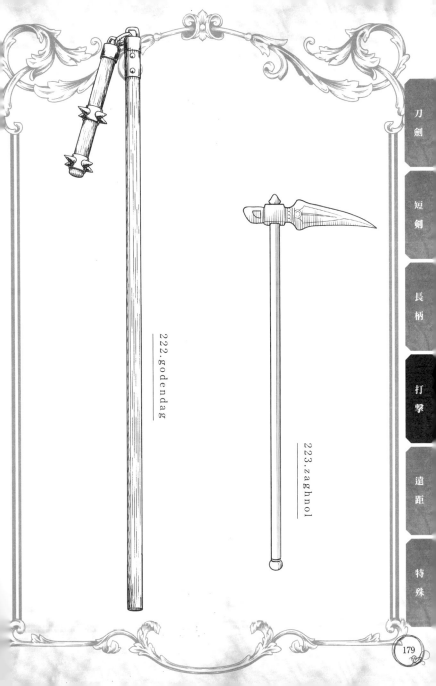

222.godendag

223.zaghnol

224 印度半月戰斧

tabar

◆長度：50～100cm
◆重量：1.0～2.0kg
◆時代：15～18世紀
◆地區：印度

　　印度半月長斧是印度人所使用的斧，斧刃有各式各樣的形狀，如半月形、三角形、像魚鰭一樣的M字型等，上面大多有鍍金或雕刻等裝飾。初期是兩邊各有一個形狀對稱的斧頭，但在使用上似乎不太順手，遭到廢棄。斧頭為半月形的，有一些斧刃兩端內側也有刃，可以用來勾住馬的韁繩，將其割斷。斧柄有木製與金屬製，也有一些在斧柄內部裝設短劍。

225 鐵鞭

tetsuben,tiebian

◆長度：90～100cm
◆重量：7.0～8.0kg
◆時代：唐～清
◆地區：中國

　　鐵鞭是金屬製的中國打擊武器，也稱硬鞭，這種武器有像刀劍一樣的握柄，棒狀的鞭身，上面有節，特徵是剖面為圓形。剖面為多角形的是另一種名為「鐧」的武器。古代是青銅製，之後為鐵製，除了強度高於刀劍類武器外，和其他打擊武器比起來重量相當重。打在鎧甲或頭盔上也威力十足，直接交鋒能將對手的武器折斷。在清朝的歷史記述中，曾有人用鐵鞭一擊便將對方的手臂打斷。

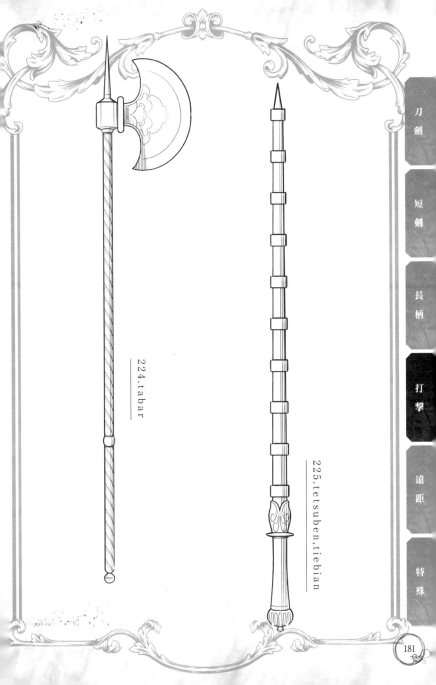

224.tabar

225.tetsuben,tiebian

226 毛利重頭棍

tewha tewha

◆長度：100～160cm
◆重量：1.5～2.2kg
◆時代：14～19世紀
◆地區：大洋洲

　　毛利重頭棍是紐西蘭的原住民毛利人從14世紀左右開始使用的棍棒武器，是將堅硬的木材磨至滑順而製成的，前端的形狀就像是斧頭，但攻擊時使用的是另一側。這個像斧頭一樣的部分，除了增加重量與威力以外，也有調節空氣阻力的風翼功能。斧尾尖銳，可以用來戳刺。此外，毛利重頭棍不只是一種武器，也是有名的工藝品，上面有寶石裝飾或獨特的雕刻。

227 旋棍

tonfa

◆長度：40～50cm
◆重量：0.3～0.8kg
◆時代：17世紀～現代
◆地區：琉球

　　琉球士族所使用的武器，原應為生活用品，可能是石臼的搗棍，或是船櫓截短所製，但中國有同型的武器「拐」，所以也可能是從中國傳入。外形是在圓柱或四角錐狀的直棍上垂直插入短棍，呈「卜」字形。這是一種攻擊方式多樣的武器，除了可握住橫棍，利用離心力甩出攻擊，也可握住直棍，像刺股（見他項記載）、十手（見他項記載）、鐮刀或木槌一樣使用。現代有些美國警察也用這種武器作為警棍。

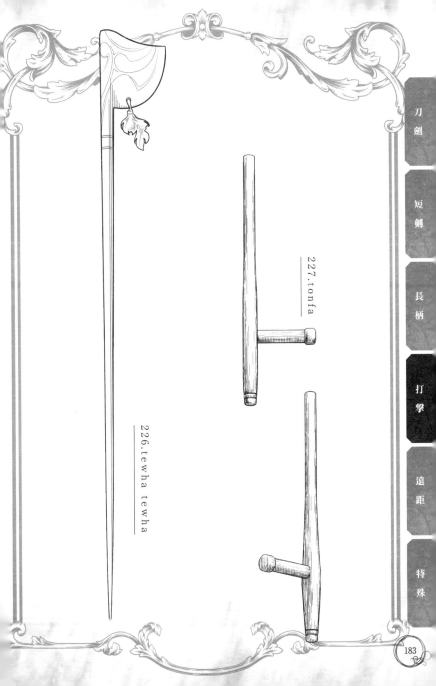

227.tonfa

226.tewha tewha

228 戰斧

battle axe

◆長度：60～150 cm
◆重量：0.5～3.0 kg
◆時代：6世紀～近代
◆地區：歐洲

　　戰斧是歐洲戰鬥用斧類武器的總稱，雖然是用來劈砍的武器，但為了造成穿著鎧甲的對手傷亡，漸漸接近釘頭錘，也帶有鈍擊武器的性質。有各式各樣的外形，如斧頭呈半月形、擁有左右對稱的兩片斧頭，或帶有鉤爪。斧柄較短的由騎兵單手使用，但像東歐所使用的大型砍刀斧（見他項記載），使用方式也像長柄槍（見他項記載）一樣，將槍桿插入地面預防敵人策馬襲來。

229 刺環連枷

hitter

◆長度：60～150 cm
◆重量：1.5～3.5 kg
◆時代：15～16世紀
◆地區：歐洲

　　刺環連枷是歐洲人使用的打擊武器，在16世紀的德國農民戰爭中大量製造。這種武器是用鎖鏈在長柄前端連結有放射狀棘刺的金屬環，以揮舞攻擊。類似的武器有晨星錘（見他項記載）和步兵樞枷（見他項記載），但刺環連枷並沒有整面都是棘刺，而且金屬環很輕，相較之下威力低劣許多。這原本就是一種臨時製造的武器，只是把無法再使用的刀劍握柄等零件用鎖鏈連接起來而已。

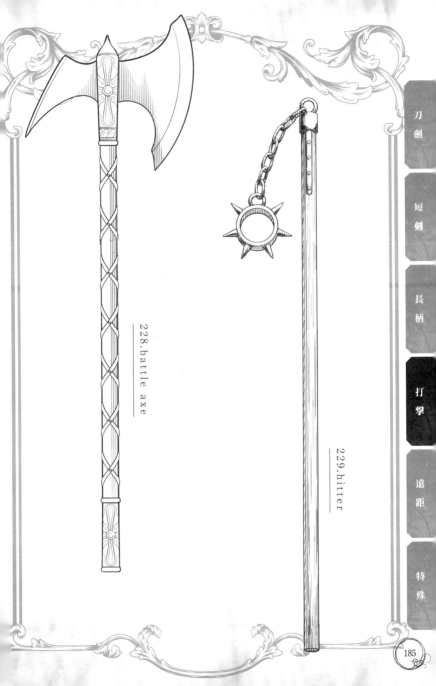

228.battle axe

229.hitter

| 230 | 騎兵連枷 |

horseman's flail

◆長度：30～50cm
◆重量：1.0～2.0kg
◆時代：12～16世紀
◆地區：歐洲

　　騎兵連枷為歐洲騎兵所使用的打擊武器，基本構造是把用來擊打的攻擊部位，用鎖鏈與握柄的前端連接起來，特徵是握柄的長度比步兵用的步兵連枷（見他項記載）還短。被稱為「錘頭」的擊打部位有各種樣式，像是有棘刺的短棍、秤砣、數個金屬球等。這種武器在馬上使用的優點是，就算全力擊出也不會受到反作用力的衝擊。因此，與單純的鈍擊武器比起來，很少有落馬的危險。

| 231 | 釘頭錘 |

mace

◆長度：30～80cm
◆重量：2.0～3.0kg
◆時代：14B.C.～17A.D.
◆地區：歐洲

　　釘頭錘是歐洲人使用的一種棍棒，是握柄加上柄首，共由數個零件所構成的武器（複合型棍棒）。在德國與義大利演化的樣式尤其多，頭部有各種形狀，如鐵球狀，或是由數片放射狀的鐵片排列而成等。在古代，人們廣泛使用這種由骨頭、石頭或木材組合而成的單純武器，但刀劍武器逐漸發達之後，釘頭錘也跟著沒落了。不過，在中世紀裝配板甲的騎士出現後，釘頭錘也因為更能有效對付板甲而再度受到矚目。

刀劍
短劍
長柄
打擊
遠距
特殊

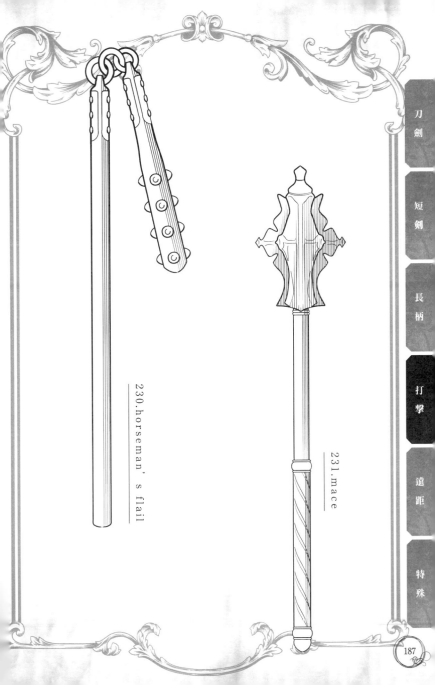

230.horseman's flail

231.mace

232 晨星錘

morning star

◆長度：50～80 cm
◆重量：2.0～2.5 kg
◆時代：13～17世紀
◆地區：歐洲

　　晨星錘是13世紀左右誕生於德國的一種釘頭錘（見他項記載），廣受士兵與騎士的喜愛。握柄的前端有金屬球，球上有放射狀的棘刺向外穿出，因為很像一顆閃耀的星星，因此稱為星球，而這項武器的名稱也由此而來，擁有星球的所有武器都通稱為晨星。其形狀與聖職人員灑聖水用的聖水棒很像，也被稱為「holy water sprinkler」，事實上也有修道僧用來當作武器。

233 狼牙棒

rougebou,langyabang

◆長度：40～190 cm
◆重量：0.5～3.0 kg
◆時代：宋
◆地區：中國

　　狼牙棒是中國宋朝的一種錘（見他項記載），外形是握柄的前端有鐵製的紡錘形攻擊部位，上面有許多尖銳的棘刺往上伸出，被視為狼牙。這是為了將穿著重裝備的士兵連同鎧甲一起打倒而演生出來的武器，無論是騎兵用的單手武器，還是步兵用的大型雙手武器，都用同樣的名字稱呼。用法與歐洲的晨星錘（見他項記載）幾乎相同，特徵是能用前端的尖棘戳刺敵人，也能用鏟部攻擊。

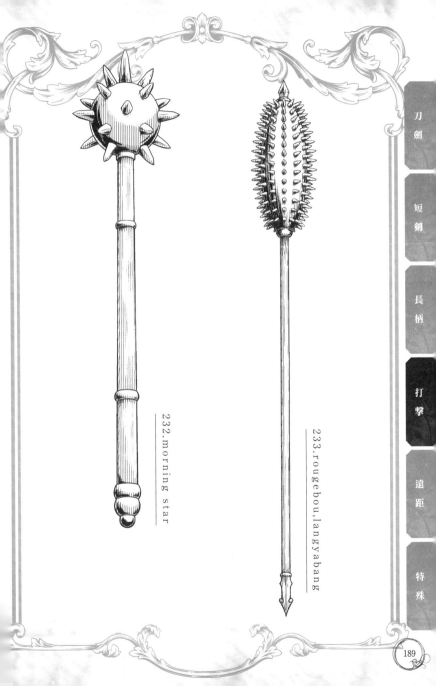

232.morning star

233.rougebou,langyabang

234　眼形戰斧

aqhu

◆長度：70～100cm
◆重量：1.5～1.8kg
◆時代：10B.C.～5B.C.
◆地區：古代中東、近東

　　眼形戰斧是古代中東、近東世界所使用的戰斧，斧刃上有兩個孔洞橫排，因為看起來像眼睛，因此也被稱為「eye axe」。斧頭的安裝方式有兩種，一種是裝在斧柄的側面，一種則是嵌入式的款式，斧柄貫穿斧頭。眼形戰斧原本是石器，但在金屬出現之後，也有以銅或青銅製造的樣式，繼承原本獨特的形狀。

235　戰鎬

war pick

◆長度：50～60cm
◆重量：0.8～1.2kg
◆時代：7B.C.～16A.D.
◆地區：歐洲

　　戰鎬是騎兵所使用的戰鬥用十字鎬，也稱為騎兵鎬，短短的鎬柄上有附金屬製的銳利鎬頭（pick），有些戰鎬的鎬頭另一側有附鐵鎚，有些則是有像長槍一樣的槍頭。戰鎬是古代斯基泰人或波斯人的騎兵所使用的武器，從13世紀左右開始，用來作為對抗歐洲重鎧甲的良器。

236　日本斧

ono

◆長度：60～150cm
◆重量：0.5～5.0kg
◆時代：石器～戰國
◆地區：日本

　　日本的斧是從工具演變而來的武器，斧與鉞通常被視為是同一種武器，但嚴格來說，頭部較小而厚實的稱之為斧，頭部較大而厚度較薄的稱為鉞。日本從石器時代開始就有斧頭，在弓或槍出現之前，斧是戰場的主要武器之一，但是後來只用來破壞城門或碉堡。

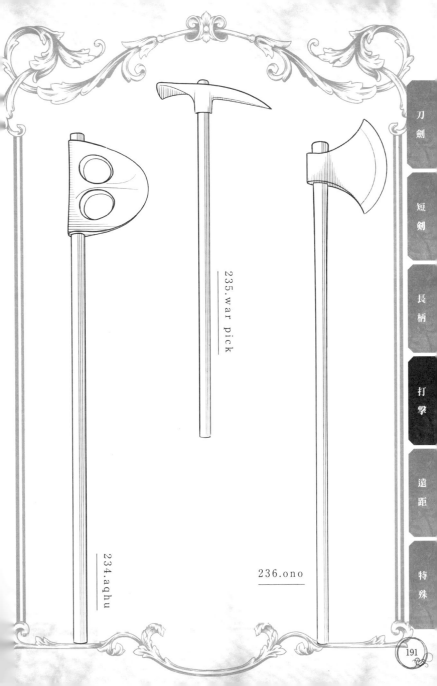

235.war pick

234.aqhu

236.ono

刀劍

短劍

長柄

打擊

遠距

特殊

237 鐵頭木棒（四角棍）

quarterstaff

◆長度：2.0～3.0m
◆重量：0.8～1.2kg
◆時代：10～16世紀
◆地區：歐洲

鐵頭木棒是10世紀左右歐洲的農民或士兵拿來當作武器使用的一種單純的細長木棒，有一些會在棒子的兩端套上金屬製的尾鐏。用兩手握住鐵頭木棒的中央，再以左右兩端擊打。木材的表面並不滑順，所以似乎沒有像東方的棍術一樣，攬住棒子讓棒子在手中前後滑伸的用法。

238 棍棒

club

◆長度：60～70cm
◆重量：1.3～1.5kg
◆時代：所有時代
◆地區：全世界

單純的棍棒是全世界人類用來狩獵或戰鬥的打擊武器，是人類最古老的武器，也是所有打擊武器的起源。這種武器是用動物的骨頭或木材、石器、金屬等物品製造，重心在前端而有一個巨大的頭部。武器整體是一整塊，與用零件組合而成的釘頭錘（見他項記載）不同。同樣造型到了現代也十分常見，像是高爾夫球的球桿。

239 印度釘頭錘

gurz

◆長度：50～70cm
◆重量：1.0～1.5kg
◆時代：14～18世紀
◆地區：南亞

印度釘頭錘是印度或波斯地區的一種釘頭錘（見他項記載），頭部有各式各樣的形狀，像是有骷髏頭纏繞，或是有三個頭的。在蒙兀兒帝國的全盛時期，出現了很多變形款的印度釘頭錘。自從火器發達，實戰中不常使用之後，印度釘頭錘就成為一種裝飾性的寶物留存下來。

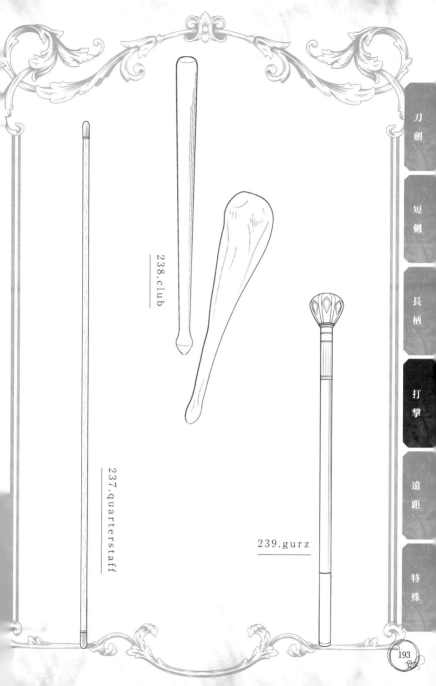

238.club

237.quarterstaff

239.gurz

240 毛利短扁棒

kotiate

◆長度：30～50 cm
◆重量：0.3～0.8 kg
◆時代：14～19世紀
◆地區：大洋洲

　　毛利短扁棒是紐西蘭的原住民毛利人所使用的打擊武器，這是一種用木材或鯨魚骨頭製造的棍棒，外形獨特，就像日本的軍配團扇一樣。柄首有雕刻花紋，每一個部族的花紋都不一樣，而且有可以穿繩的孔洞。歐洲人稱這種武器為切肝棒，但實際上的用途是否如此，目前還不清楚。

241 棍

kon,gun

◆長度：110～300 cm
◆重量：0.7～2.0 kg
◆時代：幾乎中國史上全部時間
◆地區：中國

　　棍是中國人所使用的打擊武器，是使用堅硬柔韌的木材，將表面打磨光滑而製成，前端比較細一點。也有像歐洲的連枷武器一樣用鎖鏈連結起來的形式，像是梢子棍或雙節棍，甚至有三節棍等。據說中國的武術始於棍法，很多士兵、僧侶或武術家都很重視並學習鍛鍊棍法。

242 沙棍

sap

◆長度：30～50 cm
◆重量：0.3～0.5 kg
◆時代：19～20世紀
◆地區：北美

　　沙棍是19世紀開始出現在美國的近代打擊武器，是一種既短又柔軟的棍棒。一般是在皮製的袋子中塞進沙子、鐵沙或硬幣等具有重量的東西，非常方便攜帶。可剝奪他人的抵抗能力而不致命、打擊時沒有聲音，這些優點也受到犯罪者的喜愛。形狀像警棍的短棍稱為「黑傑克」（blackjack），是酒店的保鑣愛用的武器。

刀劍

短劍

長柄

打擊

遠距

特殊

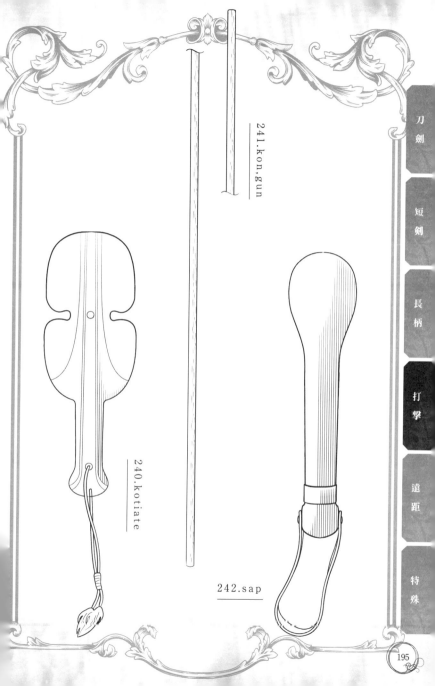

241.kon.gun

240.kotiate

242.sap

243 十手

jitte

◆長度：30～70cm
◆重量：0.5～1.2kg
◆時代：安土桃山～江戶
◆地區：日本

　　十手是日本的打擊武器，以江戶時代的公差「與力」（警察署長）、「同心」（警察）所使用的武器最為人所知，外形是木材或金屬所製成的短棒，握柄上方有朝上的鉤子，與刀劍一樣有護手。鉤子是用來夾劍，但幾乎不可能從正面接住劈砍下來的劍，所以一般是趁敵人揮空之後，從上方壓制劍鋒。

244 六刃錘

shashbur,shishpar

◆長度：30～50cm
◆重量：0.3～0.5kg
◆時代：15～19世紀
◆地區：南亞

　　六刃錘是印度15世紀後的打擊武器，與歐洲附薄片狀錘刃的釘頭錘（見他項記載）構造幾乎相同。金屬製的錘柄前端，由6到8片放射狀的鐵片接合成球形，形成錘頭，有一些前端也像槍頭一樣。握柄有很多種，有像是與同一時期刀劍武器相同的旁遮普樣式，或是單純只有圓柄頭的樣式。

245 球頭棍

ja dagna

◆長度：50～70cm
◆重量：0.8～1.2kg
◆時代：17世紀～近代
◆地區：北美

　　球頭棍是北美的原住民所使用的棍棒，木製棍柄向內側彎曲，前端有球形的重塊，看起來像是蛇或動物銜著頭的樣子，事實上有些球頭棍確實會刻上那樣的裝飾，有一些球頭棍則會在球的中心安置金屬製的刃。因為這樣的外形，歐洲人稱其為球頭棍（ball-headed club）。

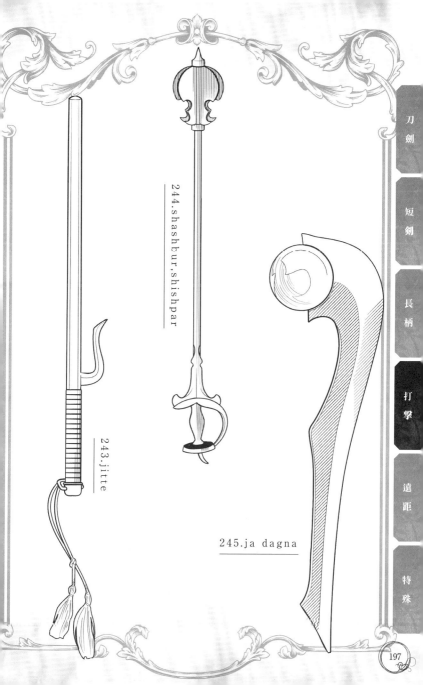

244.shashbur,shishpar

243.jitte

245.ja dagna

246 修卡戰斧

shoka

◆長度：80～100cm
◆重量：0.6～0.8kg
◆時代：17～19世紀
◆地區：東非

　　修卡戰斧是東非坦干依喀湖周邊的部族所使用的斧，是在木製的斧柄側面插入一根芯，再將三角形的斧頭用蓋的方式蓋上去。這並不只是武器，在日常生活中也當作工具使用。柄所使用的木材是豆科羊蹄甲屬的樹木，因為材質彈性豐富，可以有效減少砍中時的反作用力。

247 錘

sui,chui

◆長度：60～80cm
◆重量：0.5～2.0kg
◆時代：宋～清
◆地區：中國

　　錘在中國是「秤錘」的意思，作為武器是以鐵製的秤錘當作頭部，在底下加錘柄。最具代表性的錘，形狀與歐洲的釘頭錘（見他項記載）差不多。錘有各種不同的形狀，例如用14面體的鐵塊製成的八稜錘、外形渾圓的金瓜錘等。另外，也有在錘上綁繩子，飛舞甩動的流星錘等。

248 蠍尾連枷

scorpion tail

◆長度：40～70cm
◆重量：2.0～3.5kg
◆時代：11～15世紀
◆地區：歐洲

　　蠍尾連枷是在11世紀的歐洲，由十字軍的騎士開始使用的打擊武器。是騎兵連枷（見他項記載）的一種，柄的前端用鎖鏈連接三顆秤砣（錘頭），讓具有棘刺的星球當錘頭。這種武器跟一般的連枷比起來，攻擊範圍廣，命中率與威力也大幅提升。

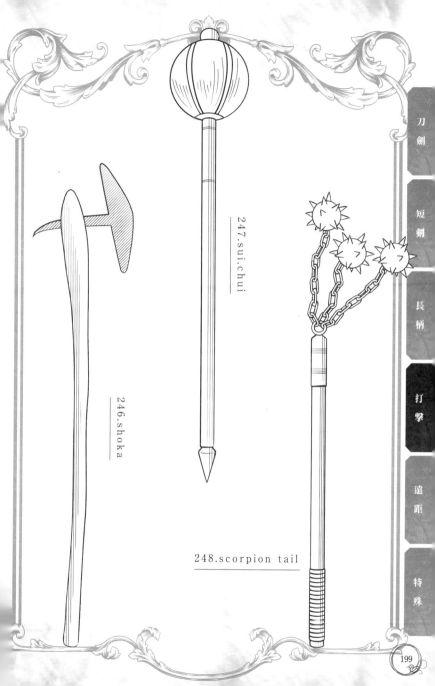

247.sui.chui

246.shoka

248.scorpion tail

249 釘頭棒

spiked club

◆長度：50～80cm
◆重量：0.8～1.5kg
◆時代：11～16世紀
◆地區：歐洲

　　正如名稱所示，是在「club」（棍棒）（見他項記載）上打入「spike」（尖刺）製成的武器，歐洲從 11 世紀後就開始當作正式武器使用。除了可以用來擊打，也能讓敵人受到刺傷或裂傷，因為當時的衛生條件或醫療程度都很落後，受這種傷就算沒有當場死亡，大多也會因為破傷風等感染病而喪命。

250 大斧

daifu,dafu

◆長度：3.0m
◆重量：5.0kg
◆時代：宋
◆地區：中國

　　大斧是中國宋朝所使用的大型戰斧，原本是用來砍伐或破壞城牆的工具。外形是長柄上有半月形的斧頭，有一些大斧在斧刃的另一邊有附鉤爪，或是鐏部有小型的尖刃。這是步兵用來對付重裝騎兵很有效的武器，就算砍不破防甲，作為鈍擊武器也是威力十足。

251 多節棍

tasetsukon,duojiegun

◆長度：80～200cm
◆重量：0.5～2.0kg
◆時代：春秋 戰國～清
◆地區：中國

　　多節棍是中國的武器，構造是將棍（見他項記載）與用來攻擊的部位分開，中間以鎖鏈連結。春秋戰國曾使用這種武器，但有一段時間被人們遺忘，到了宋朝從歐洲傳來西洋的連枷，才再度使用。據說西洋的連枷是仿東方的武器製成，所以是一種反傳回來，重新受到賞識的武器。

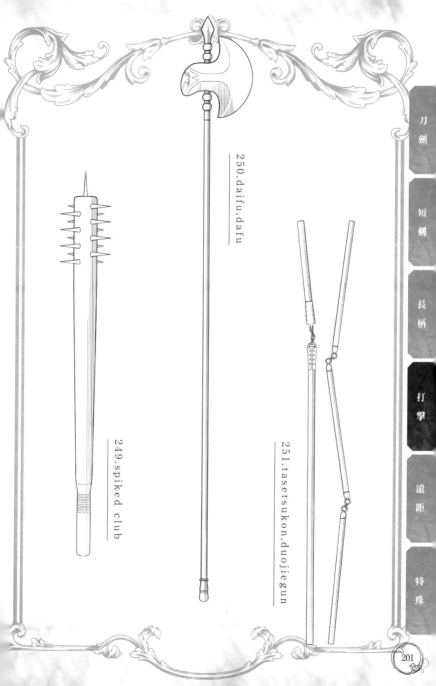

250.daifu.dafu

249.spiked club

251.tasetsukon.duojiegun

252 印度單手戰斧

tabarzin

◆長度：45～70cm
◆重量：0.8～1.2kg
◆時代：15～18世紀
◆地區：印度

　　印度單手戰斧是印度最具代表性的的戰斧，是由馬鞍形狀的斧頭，以及有三個節點的金屬製短柄所構成。斧刀並沒有很銳利，與其說是用來砍斷，不如說是有擊打力量的武器。有些斧刃的側面刻有精緻的花紋，這種戰斧被視為是美術品、古董品，價值極高。

253 鍛棒

naeshi

◆長度：30～40cm
◆重量：0.1～0.2kg
◆時代：江戶
◆地區：日本

　　鍛棒是日本江戶時代捕快所使用的鐵製警棍，棒身有圓形、四角、五角、六角形，柄首有環可以穿繩。鍛棒是將十手（見他項記載）去掉鉤子的武器，大多是沒有十手的低等捕快所持有。此外，似乎也有一手拿十手，一手拿鍛棒的使用方式。

254 澳洲雙尖棍棒

nil li

◆長度：60～80cm
◆重量：1.5～2.0kg
◆時代：14～17世紀
◆地區：大洋洲

　　澳洲雙尖棍棒是澳洲的澳大利亞原住民所使用的一種棍棒，特別具有攻擊性。這種武器是兩頭尖銳的棒狀，為了增加威力，會將石環套在棒子前端附近，石環表面有刻痕，刻痕的摩擦會使敵人的傷勢更加嚴重。而除了擊打，也可以用尾端戳刺。

刀劍

短劍

長柄

打擊

遠距

特殊

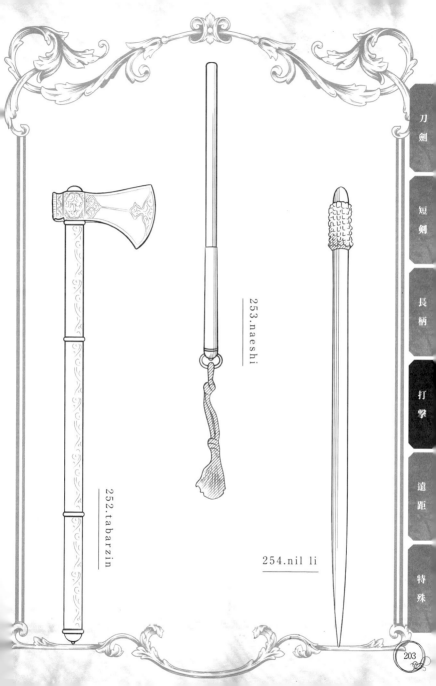

253.naeshi

252.tabarzin

254.nil li

255 耙

ha,pa

◆長度：0.9～1.2m
◆重量：1.0～1.1kg
◆時代：明
◆地區：中國

　耙是中國明朝的武器，以農耕器具「耖」為原型，一般是在長柄的前端有橫棒，用來擊打的那一面有9根或12根金屬牙。除了攻擊力強大以外，用來防禦也極占優勢，曾用來對抗倭寇。不過，最有名的還是因為這是《西遊記》中豬八戒的武器。

256 魚骨棍

khar-i-mahi

◆長度：30～50cm
◆重量：0.3～0.5kg
◆時代：13～17世紀
◆地區：南亞

　魚骨棍是13世紀左右從蒙古傳到亞洲各國的武器，是將大型魚背骨裝在金屬之類的棍柄上，用銳利的棘刺狀骨頭攻擊。魚骨棍雖然是非常原始的武器，但這種形狀也很方便用來阻擋對手的攻擊，因此也有用金屬打造成類似形狀的武器，稱為「fish spine sword」（魚骨劍）。

257 澳洲劍棍

baggoro

◆長度：60～80cm
◆重量：0.8～1.1kg
◆時代：14世紀～近代
◆地區：大洋洲

　澳洲劍棍是澳洲原住民使用的一種棍棒，用堅硬的木材製成，棍身扁平寬薄。握柄又細又短，上面纏著止滑用的物品。一般是單手持棍，配合盾牌使用，形狀與刀劍相似，應該是類似日本的木刀的武器。因此，跟單純的棍棒比起來，似乎可用更快速而正確的方式揮砍。

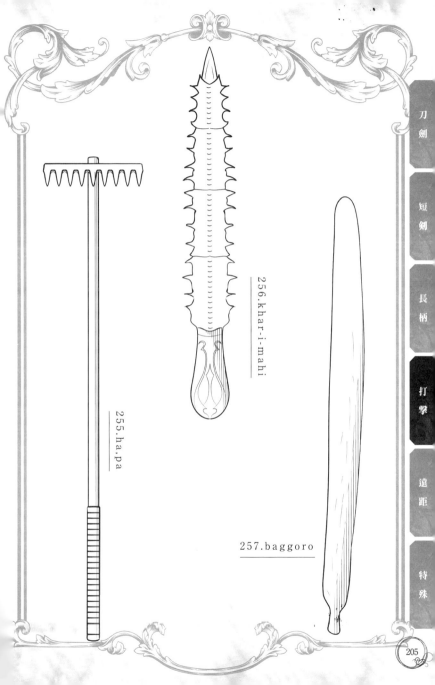

256.khar-i-mahi

255.ha.pa

257.baggoro

258 鼻捻

hananeji

◆長度：30～75cm
◆重量：0.1～0.5kg
◆時代：安土桃山～江戶
◆地區：日本

　鼻捻是日本捕快所使用的打擊武器，堅硬木材製成的棒棍綁上繩子，有各種長度與粗細。原本是一種馬具，用法是將繩子套在反抗的馬鼻子上，用棒子擰緊，藉由疼痛讓馬匹服從。鼻捻除了用來敲擊、戳刺以外，也可以藉由壓迫手骨或脖子等地方，壓制對方。日本警察所使用的警棍就是以鼻捻為原型。

259 筆架叉

hikkasa,bijiacha

◆長度：30～60cm
◆重量：0.2～0.7kg
◆時代：明～清
◆地區：中國

　筆架叉是中國明朝時設計出來一種用來防身或暗殺武器，是前端尖銳的金屬製棍棒，護手處有兩個朝上的鉤子，左右對稱，除了可以用來戳刺或擊打以外，也可用來格擋對手的攻擊。小型的筆架叉反手拿，幾乎可以完全藏在懷中。同樣形狀的武器還有琉球的釵，或是西洋的穿甲匕首（見他項記載）。

260 斧

fu

◆長度：80～100cm
◆重量：1.5～2.0kg
◆時代：宋～清
◆地區：中國

　斧是中國的戰斧，從紀元前就有在使用，曾經遭到廢棄，成為工具或儀式用的道具。但是，宋朝的農民兵試用之後，發現用來對付重裝的士兵極為有效，因而再次受到矚目。斧有分為單手拿取的短柄手斧，以及雙手拿取的長柄大斧。另外，根據形狀不同，也分為板斧、宣花斧、魚尾斧等不同種類的戰斧。

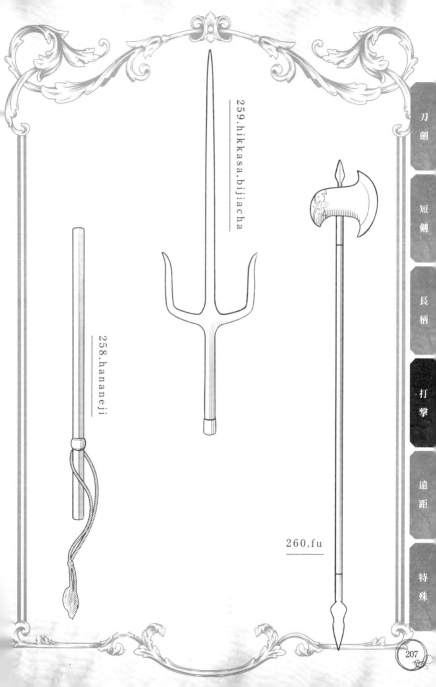

259.hikkasa.bijiacha

258.hananeji

260.fu

261 步兵連枷

footman's flail

◆長度：1.6～2.0 cm
◆重量：2.5～3.5 kg
◆時代：14～20世紀
◆地區：歐洲

步兵連枷是歐洲的步兵或農民兵所使用的連枷，基本構造是在長柄的前方以鎖鏈連接一根短棒。以雙手施力，握柄越長離心力也越大，因此威力比騎兵用的連枷還要強大好幾倍。有一些前方的攻擊短棒為金屬製，或是上面有棘刺。據說原型是從中國傳到西方的多節棍（見他項記載）。

262 印度新月戰斧

bullova

◆長度：120～150 cm
◆重量：2.0～3.0 kg
◆時代：17世紀～近代
◆地區：南亞

印度新月戰斧是17世紀左右開始，印度東部的蒙達人所使用的戰斧，有特地強化作為戰鬥用者者，也有當作工作用者。斧頭的刃部有的是新月形，有的斧刃像「人」字一樣中間內凹，也有斧刃一分為二，極為尖銳。斧柄是用有彈性的木材或金屬製造，上面有幾個防滑的節點或綁繩。

263 日本棒

bou

◆長度：20～360 cm
◆重量：0.1～2.5 kg
◆時代：日本史上全部
◆地區：日本

日本棒是一種簡樸武器，使用木材削成粗細一致的平滑圓杠製成，大多用來警備或是捕捉人犯。除了可以擊打、截刺外，還發展出一些技術，像是勾腳使對方跌倒，或是纏住手臂攻擊關節等。長度比身高長的稱之為六尺棒，高度約到耳邊的是耳切棒，高度到胸部左右的為乳切木。

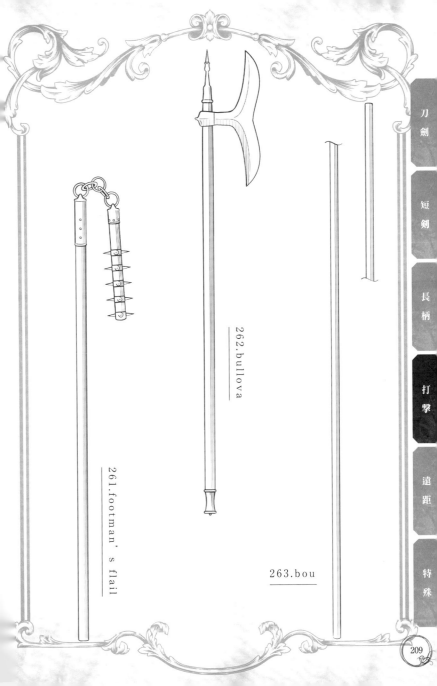

262.bullova

261.footman's flail

263.bou

264 鯨骨棒

hoeroa

◆長度：120～130cm
◆重量：2.0～2.5kg
◆時代：14～19世紀
◆地區：大洋洲

　　鯨骨棒是紐西蘭的毛利人所使用的武器，用抹香鯨的下顎骨製成，呈平緩S形彎曲的形狀，尾端有漩渦圖案的雕刻。雖然是一種棍棒，但如果用薄刃狀部分攻擊，也能割傷敵人。以往毛利族抵抗英國的侵略，就是用這樣的武器來對抗。

265 騎兵鎚

horseman's hammer

◆長度：50～80cm
◆重量：1.5～2.0kg
◆時代：13～17世紀
◆地區：歐洲

　　騎兵鎚是13世紀歐洲騎兵所使用的戰鎚，誕生於德國，整體金屬製成，有一些頭部附鉤爪或是像長槍一樣的槍頭，也有一些鎚柄上有護手。這種武器用來攻擊鎧甲或頭盔極為有效，16到17世紀為全盛時期。另外，有些騎兵鎚是用來從馬上投擲的。

266 蓋亞那棍棒

macana

◆長度：25～60cm
◆重量：0.1～0.5kg
◆時代：13～18世紀
◆地區：南美

　　蓋亞那棍棒是南美洲的蓋亞那原住民使用的木頭棍棒，除了擊打，也用來投擲攻擊。有各種形狀，從中央窄縮的四角椎狀，到保齡球的球瓶形狀的都有，握把都是中央窄細處。另外，有一種同樣稱為「macana」的武器是在柄上嵌入成排的四角形石刃，柄首有環。

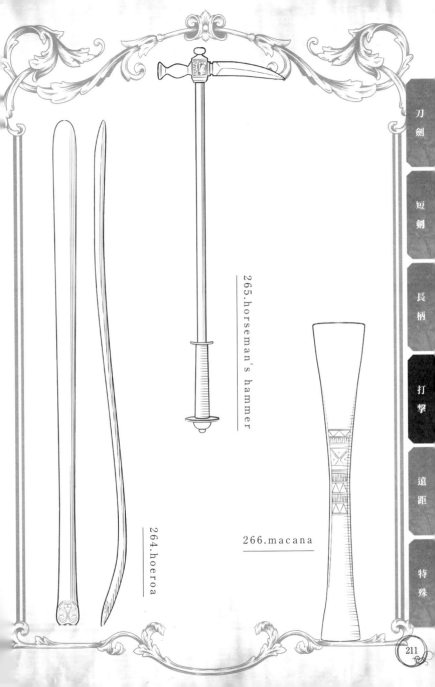

265.horseman's hammer

264.hoeroa

266.macana

打擊武器圖解

斧
A x

①柄（pole）
②鉤（hook）
③刃（ax blade）
④箍（ferrule）
⑤鐏（butt）

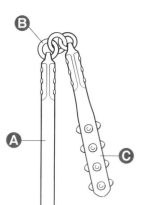

連枷
f l a i l

Ⓐ柄（shaft）
Ⓑ鎖鏈（chain）
Ⓒ錘頭（head）

5章

遠距

薔雅

妳又渾身是傷地回來了，這次是怎麼了？

克蘿愛

怪物的軍團拿著比我更長的長槍攻擊……圍毆我，太卑鄙了……。

馬庫斯

武器的長度決定攻擊範圍，對於攻擊範圍大的對手，可以使用射擊武器。尤其是混戰的時候，都是先從遠距離接近，所以弓箭就很重要了，要鯨吞蠶食。要注意身上帶的弓箭數量，以及不要讓對方近身。

克蘿愛

啊，這種各種方向都有刀刃的投擲小刀好酷哦！

薔雅

克蘿愛，那個初學者用會受傷！妳帶不了太多，還是用弓箭比較好。

267 十字弓

crossbow

◆長度：(全長)60～100㎝ (寬)50～70㎝
◆重量：6.0～10.0kg
◆時代：4～19世紀
◆地區：歐洲

　　十字弓是西元4世紀左右歐洲人設計出來的武器，弓橫向安裝在稱為機身的木頭底座上。安裝上箭矢，弓弦拉開的狀態固定，以扣扳機的方式將箭射出。因此就算是不會使用弓的人，也可以輕易上手。此外，因為有用來拉弦的絞輪，比起用人力拉弦，能用更強的力道將弦拉開。不過，發射的間隔也會因此變長，無法連射。箭的形狀較粗且短，羽毛較少，箭尾為四角形，稱為「弩箭」（quarrel/bolt）。

268 標槍

javelin

◆長度：70～100㎝
◆重量：1.0～1.5kg
◆時代：古代～15世紀
◆地區：歐洲

　　標槍是自古以來就有很多國家在使用的投擲用長槍，有木製槍桿與金屬製槍頭。槍頭有各種形狀，例如箭鏃的形狀，或圓錐狀等。標槍不單只是用手投擲，為了延長飛行距離，還會將纏在槍桿上的繩子做成繩環，用手指勾住投擲，或是使用一種名為投槍器的鉤狀工具，將槍桿扣在鉤子上投擲等。標槍用於戰爭或狩獵，有時候會在前端塗抹毒藥。現在已成為陸上競技項目流傳下來。

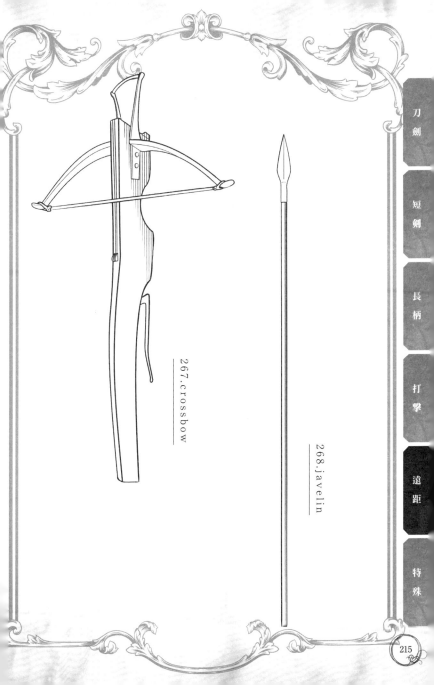

267.crossbow

268.javelin

269 投石索

sling

◆長度：約100cm
◆重量：0.3kg
◆時代：年代不詳
◆地區：全世界

　「Sling」是自古以來，全世界都稱為投石索的武器，繩索中間是用來包裹石頭的部分，用皮或布製造，尾端有可以讓手穿過的繩圈。用法是中間包著石頭，然後拉住索的兩端揮舞，手放開讓石頭飛出去。後來投擲的東西逐漸改變，從一般的石頭到磨成紡錘狀的物品、接近金屬製彈丸的物品，變得越來越強力。使用投石索，就算力量不夠強大也能展現出很大的威力，在舊約聖經裡，是大衛王用來打倒體型巨大的士兵歌利亞的武器。

270 彈弓

dankyu,dangong

◆長度：40～170cm
◆重量：0.1～0.3kg
◆時代：春秋時代
◆地區：中國

　彈弓是中國人所使用的一種介於弓（見他項記載）與投石索（見他項記載）之間的武器，形狀像弓一樣，但是上面的弦不是用來射箭，而是用來包裹石頭或彈丸。一開始是軍隊使用的武器，但因為威力或精準度都不如弓箭，於是慢慢變成了民間用來狩獵或暗殺的武器。優點是只要有石頭就可以拿來攻擊敵人，非常簡單，而且石頭不像箭那麼顯眼，不容易像箭一樣被打下來。彈弓傳到日本的時候已經變成一種玩具了。

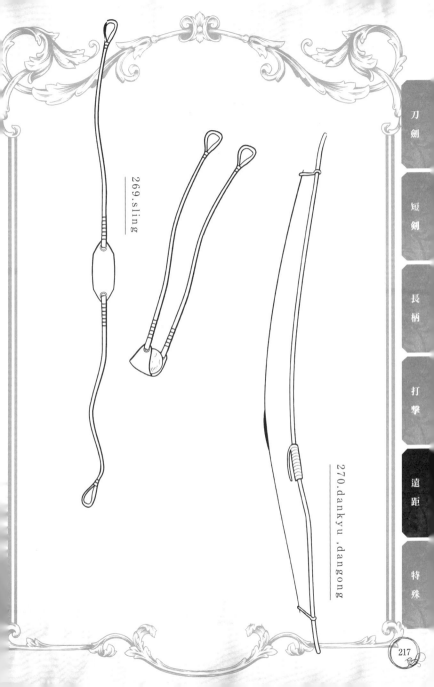

269.sling

270.dankyu .dangong

271 環刃

c h a k r a m , c h a c r a , c h a k a r , c h a k r a

◆長度：10～30cm（直徑）
◆重量：0.15～0.5kg
◆時代：16～19世紀
◆地區：印度

　　環刃是印度北部的錫克教教徒所使用的投擲武器，又稱為戰輪或圓月輪。這是一種既薄且寬的金屬環，外圈有刃。據說用法有二種，一種是將手指放進環中，旋轉環刃投擲，另一種是像丟飛盤一樣，用手指夾著環刃擲出，射程有40～50公尺。在梵文裡是「環」的意思，為印度教的主神濕婆所持有之物。另外，中非也有類似的武器，稱為「Charkarani」。

272 印地安戰斧

t o m a h a w k

◆長度：40～50cm
◆重量：1.5～1.8kg
◆時代：17～20世紀
◆地區：美洲

　　印地安戰斧是約17世紀北美的原住民開始使用的斧，外形是在木製斧柄上裝置小型的馬鞍型斧刃，另一側有鎚或是鉤爪。「tomakawk」在當地語言中是「用來切砍的工具」的意思，這種武器正如其名，是以切砍或投擲來攻擊。除了戰鬥以外，也用來狩獵或在日常生活當作工具使用，斧柄內部中空，可當作管子用來抽菸。因為很方便，英國的軍隊也採用這種武器，當作正式的裝備。

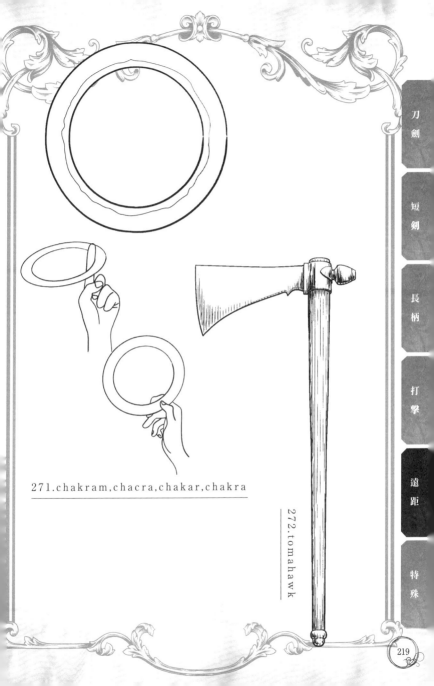

271.chakram,chacra,chakar,chakra

272.tomahawk

273 弓胎弓

higoyumi

◆長度：120〜170cm
◆重量：0.2〜0.3kg
◆時代：室町末期〜江戶
◆地區：日本

弓胎弓是日本的一種弓，所謂的弓胎指的是垂直劈開的竹子，也就是細竹條。這種弓是用幾根細竹條疊合在一起當作芯，側面再用木材夾起來增加強度。因為外側用韌性強的竹條，弓芯用堅硬的竹條組合而成，強度比以往的弓更加強大，有一些外側會另外塗漆，或是捲上藤條。現代也有用相同方式製作的和弓，但不只非常昂貴，保養方式也很複雜，因而稱為是權貴人士的弓。

274 迴力鏢

boomerang

◆長度：約60cm
◆重量：0.2〜0.8kg
◆時代：14世紀〜近代
◆地區：澳洲

迴力標是澳洲原住民自古以來使用的投擲用棍棒，主要是木製，既薄且長，最有名的是呈「く」字形彎曲的迴力鏢。說起迴力鏢，一般會想到投擲出去就會飛回來的那種，但那是遊玩用的迴力鏢，狩獵或戰鬥用的並不會飛回來。這些也稱為「回力棒」（Killer Stick），無論是哪個部分擊中敵人，威力都不減。瓦拉孟加人（Warramunga）所使用的嘴型迴力鏢（見他項記載）也是同理。

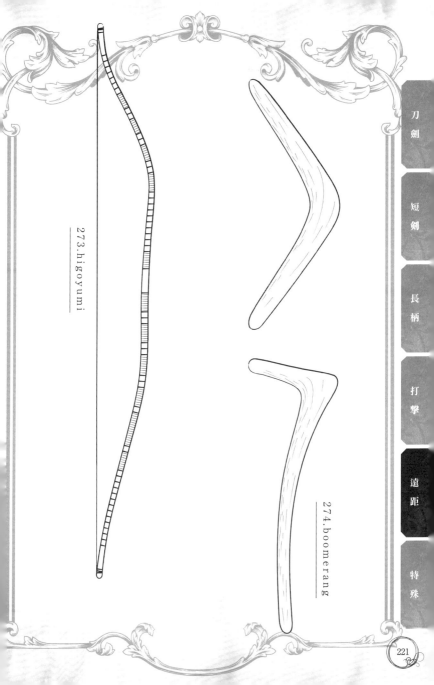

273.higoyumi

274.boomerang

刀劍

短劍

長柄

打擊

遠距

特殊

221

275 法蘭克擲斧

francisca,flancisc,francisque

◆長度：約50cm
◆重量：1.2～1.4kg
◆時代：4～7世紀
◆地區：歐洲

　　法蘭克擲斧是一種適合用來投擲的戰斧，斧刃呈和緩的S形彎曲，刃部朝上。初期是斧柄包覆斧刃的插槽狀，爾後變成斧柄貫穿斧頭。投擲後會旋轉飛出去，在12到15公尺的射程內可以發揮威力。因為扔向地面會往出乎意料的方向反彈，可以有效威嚇持盾的對手。根據法蘭克人的法典記載，這似乎是一種很危險的武器，禁止未成年人買賣或持有。

276 多球捕獸繩

bola

◆長度：約70cm
◆重量：約0.8kg
◆時代：年代不詳～20世紀
◆地區：東南亞／南美等

　　多球捕獸繩自古即存在，是一種發源於東南亞，因紐特人或南美原住民等所使用的投擲武器。由數條前端綁重物的繩子集結而成，繞圈甩動後擲出。在南美，繩子兩端都有綁重物的是「somai」，分成三條的稱為「achico」。前端的重物是由動物的骨頭或牙齒、石頭等製成，狩獵時為了不割傷毛皮，重端綁的重物較圓。這種武器是用來對付鳥類或野馬，不僅用來擊打，擊中後還會纏住對手，使對方無法行動。

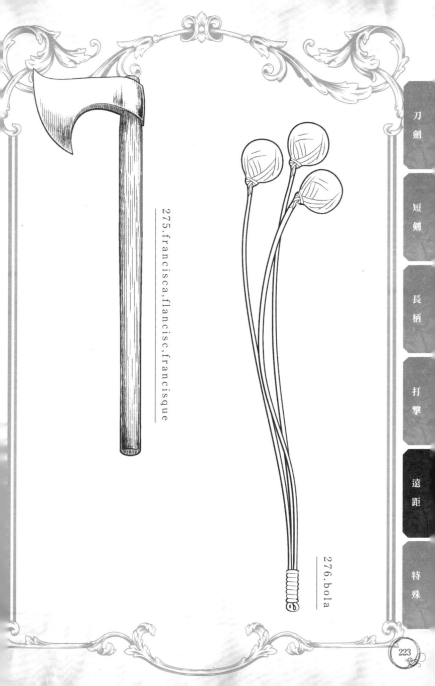

275.francisca.flancisc.francisque

276.bola

277 弓

k y u , y u m i

◆長度：60～170cm
◆重量：0.7～1.0kg
◆時代：年代不詳
◆地區：全世界

　　弓這種武器除了部分地區以外，在全世界都是自古以來就有在使用的武器，一開始本體是由木頭或竹子製成，用動物的腸子或植物的藤蔓等具有彈性的材料當作弓弦，將箭射出。有用單一材質直接當作本體的單體弓（self bow，純木弓），以及結合數種材質製作而成的複成弓（composite bow，見他項記載）。弓使用在戰爭、狩獵等所有的戰鬥上，並孕育出毒箭、火箭等攻擊方式。另外，也可以在箭上綁信，當作遠距離的通訊方法。

278 英格蘭長弓

l o n g b o w

◆長度：150～180cm
◆重量：0.6～0.8kg
◆時代：13～16世紀
◆地區：西歐

　　英格蘭長弓是約13世紀出現的一種長弓，長度約為成人的身高。這種弓是由單一材質所製成的純木弓，本體的長度直接反應了弓的彈力。要使用這種弓，肌肉的力量要夠強，且威力非常大。為了貫穿鎧甲的縫隙，箭鏃是四角錐狀，射出的箭又細又銳利。射程雖不如十字弓（見他項記載），但連射的速度很快。在百年戰爭中，稱為「自耕農」（Yeoman）的英國自由人民所組成的士兵，用這種弓對抗法國軍隊，展現了極大的戰果。

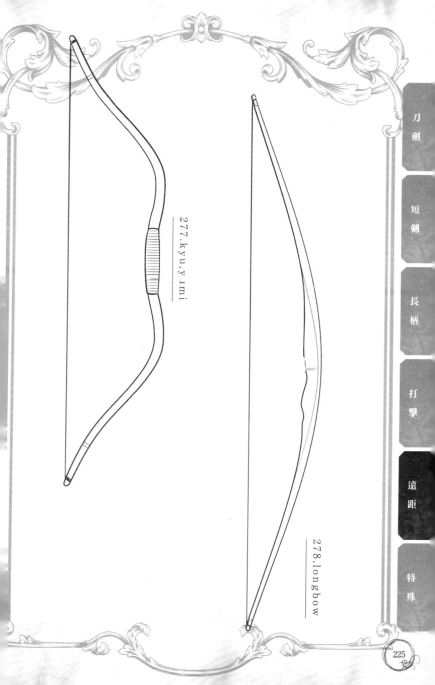

277.kyu.yumi

278.longbow

279 拉丁標槍

aclys

◆長度：120～200 cm
◆重量：0.5～1.5kg
◆時代：5 B.C.～2 A.D.
◆地區：西歐

　　拉丁標槍是紀元前與羅馬敵對的拉丁人所使用的標槍，槍頭細長，貫穿能力極高。「aclys」拉丁文的意思是「小標槍」，雖然標槍也有大型的，但也是用這個稱呼。羅馬人在吸收拉丁人的文化時，似乎以為所有的標槍都叫「aclys」，而使得名稱混同了。

280 西班牙標槍

azagai

◆長度：100～130 cm
◆重量：0.8～1.0 kg
◆時代：14～15世紀
◆地區：西班牙

　　是中世紀西班牙卡斯提爾王國中，稱之為「馬人」（jinete）的輕騎兵所使用的標槍，一人通常配備2到3支。槍桿上有像箭一樣的羽毛，槍頭也是呈箭鏃型，所以飛得比一般標槍穩定。「azagai」源自於阿拉伯語，指的是「貫穿之物」，與南非標槍（見他項記載）使用的材料「assegai」（南非茱萸）的語源相同。

281 鋼弩

arbalest, arbalete, alblast, arhlast

◆長度：(全長)75 cm (寬)120 cm
◆重量：6.0～8.0kg
◆時代：13～15世紀
◆地區：西歐

　　鋼弩是13世紀曾盛行於義大利的一種十字弓（見他項記載），名稱是原自於中世紀的法文「ballista」，意為大型弩砲。主要是熱內亞傭兵在使用。有一些本體的前端有鐙環，用腳踩環將其固定在地面拉弦。雖然弓弦是如此強大有威力，但鋼弩最致命的缺點是無法連射。

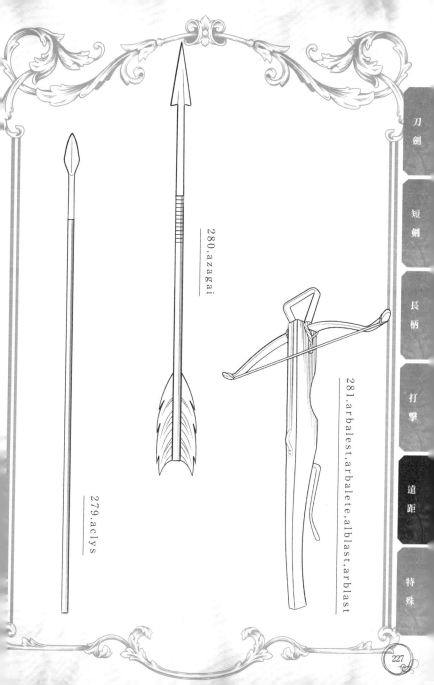

280.azagai

281.arbalest,arbalete,alblast,arblast

279.aclys

282 法蘭克標槍

angon

◆長度：150～210cm
◆重量：1.0～1.8kg
◆時代：4～5世紀
◆地區：西歐

法蘭克標槍是古羅馬時代的法蘭克人所使用的一種標槍，其槍桿前三分之一左右為金屬製，因此重量極重，以標槍來說射程較短。槍頭是嵌入式，刃部有倒鉤，刺入後難以拔出。法蘭克人在作戰時是先將這種武器擲向持盾的敵人，趁盾牌因其重量而後倒的時候突襲。

283 祖魯標槍

isijula

◆長度：120～140cm
◆重量：0.7～1.0kg
◆時代：古代～20世紀
◆地區：南非

祖魯標槍是南非祖魯族所使用的槍，在近身肉搏時是配合盾一起使用，用來戳刺，遠距離攻擊則是投擲使用。槍的形狀也有槍頭小但根部的槍頸極長的。殘留在南非斯托姆山脈的太古壁畫中，也有拿著同款槍的人，由此可推測這是一種起源非常古老的武器。

284 絞盤十字弓

windlass crossbow

◆長度：(全長)80～120cm (寬)80～120cm
◆重量：8.0～15.0kg
◆時代：13～18世紀
◆地區：歐洲

絞盤十字弓是約13世紀歐洲人設計出來的十字弓（見他項記載），在十字弓的底座尾部弩托裝設絞盤（windlass），雙手旋轉絞盤將弓弦旋緊。這是一種結構複雜，重量極重的弓，雖然也因此威力強大，但是在裝填弓箭的時間長，容易受到攻擊，因此不適合野戰，主要用在攻城戰等。

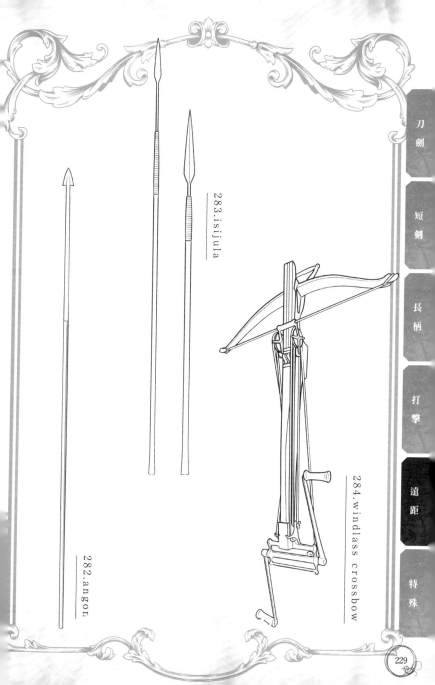

283.isijula

284.windlass crossbow

282.angon

刀
劍

短
劍

長
柄

打
擊

遠
距

特
殊

285 羅馬飛鏢

verutum, vericulum

◆長度：30～40 cm
◆重量：0.1～0.2 kg
◆時代：4～5世紀
◆地區：歐洲

　　羅馬飛鏢是古羅馬帝國末期士兵所使用的一種投擲飛箭，雖然是一種小型的箭，但箭柄約中間處有金屬之類的重塊，所以威力很大。但有效射程因此很短，只能飛出5到20公尺。這種武器可在盾牌背後裝備五支左右，接近敵人後一起擲出，趁對方退怯時突襲。

286 肯亞獵弓

uta

◆長度：90～100 cm
◆重量：0.5～0.8 kg
◆時代：16～19世紀
◆地區：非洲

　　肯亞獵弓是居住於非洲肯亞中央的坎巴族（Kamba）所使用的弓，是一種木製的單體弓，弓上有嵌裝飾用的銅環。坎巴族人將箭稱為「Mize」，箭鏃的種類有三種：獵殺動物的木製箭鏃、射鳥用的箭鏃，以及射人用的金屬箭鏃。射人用的箭鏃為了能刺深一點，根部較長。

287 打根

uchine

◆長度：33～66 cm
◆重量：0.15～0.25 kg
◆時代：安土桃山～江戶
◆地區：日本

　　打根是日本武士等所使用的武器，箭的形狀較為粗短，箭鏃像槍頭一樣既寬且長，箭柄的尾端有羽毛並附長繩。近身肉搏時會將打根拿在手上截刺，中距離攻擊時是握住繩子揮舞，遠距攻擊則是像飛鏢一樣投擲出去。據說最早是始於弓折斷時，用手持箭截刺，而衍生出這種武器。

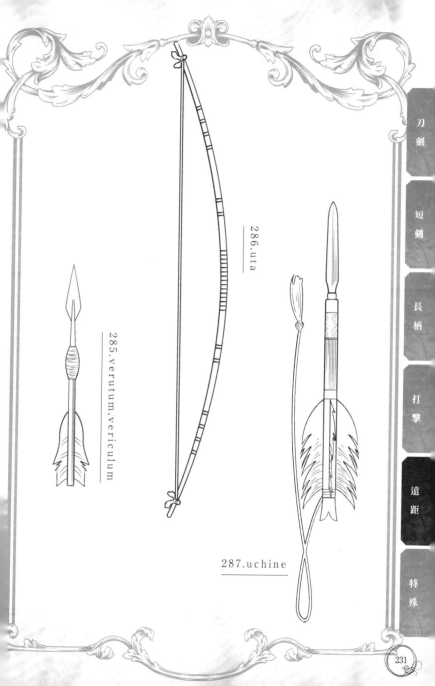

285.verutum.vericulum

286.uta

287.uchine

288 打矢

uchiya

◆長度：25～30cm
◆重量：0.1～0.15kg
◆時代：江戶
◆地區：日本

　　打矢是日本江戶時代盛行的一種投擲用箭矢，也稱為手矢、手突矢（手刺箭）。比一般的箭矢還小，羽毛也小，有幾處纏繞籐皮。裝在窄細的箭筒中，使用時下揮射出。此外，有時也會像手裏劍（見他項記載）一樣直接擲出。殺傷力不及打根（見他項記載），但因為攜帶方便，很適合帶著防身。

289 南非標槍

um konto

◆長度：120～150cm
◆重量：0.8～1.0kg
◆時代：19世紀
◆地區：南非

　　南非標槍是19世紀南非的卡菲爾王國（kaffir）與其同盟國所使用的標槍，外形細長，槍頭的形狀像樹葉或箭鏃等。因為槍頭的根部細長，前端沉重，投擲時的貫穿力高。槍桿是由名為「南非茱萸」（assegai）的樹木所製造，在歐洲將這武器本身稱為「assegai」。

290 日本弩

oyumi

◆長度：(全長)75cm (寬)100cm
◆重量：7.0kg（推定）
◆時代：奈良～平安
◆地區：日本

　　日本弩是日本的十字弓（見他項記載），於奈良時代由中國傳入。威力和射程高於一般的日本弓，在傳入當時是國家機密級的最新武器，但命中率低，不太能連射，當時日本的戰鬥形態是以小規模的游擊戰為主，因此不太適用。另外也因為價格昂貴，於是便漸漸廢棄不用了。

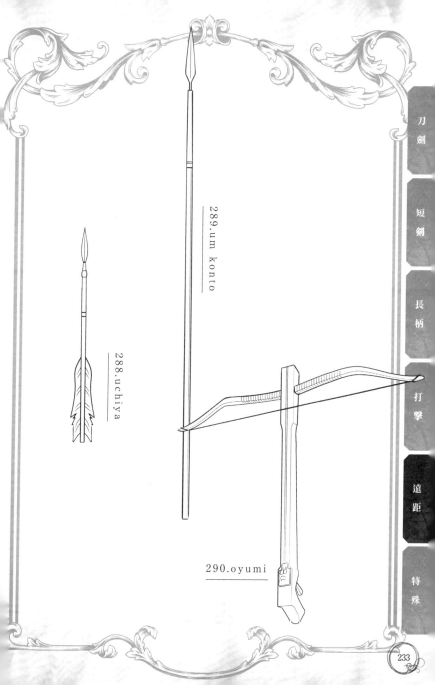

289.um konto

288.uchiya

290.oyumi

291 腹弩

gastraphetes,gastrapheten

◆長度：約130cm
◆重量：8.0kg
◆時代：5B.C.～4B.C.
◆地區：古希臘

　腹弩是紀元前古希臘人發明的武器，是世界最古老的十字弓（見他項記載）。底座尾端有輔助工具，拉弦時抵在腹部，以其為輔助用背肌的力量拉弦，「Gastraphetes」就是「抵腹器」之意。也有在底座上刻凹溝的款式，將弦勾在不同凹溝上調整威力，優點是力氣不大的人也能階段性拉弦。

292 印度斷月鏢

katariya

◆長度：35～45cm
◆重量：0.3～0.8kg
◆時代：9～18世紀
◆地區：印度西北

　印度斷月鏢是印度古吉拉特邦到孟加拉高原一帶的科爾族（kol）使用的一種迴力鏢（見他項記載），以骨頭或金屬製作，用來狩獵或保護家畜不受野獸攻擊。外形是薄薄的新月形，手握處為球形重塊。重塊使其成為一種強大的武器，擊打力量大，熟練者投擲可以飛行超過100公尺。

293 澳洲擲棍

kujerung,kallak

◆長度：60～80cm
◆重量：0.8～1.0kg
◆時代：18～20世紀
◆地區：澳洲

　澳洲擲棍是居住在澳洲西北部的庫爾奈族（Kurnai）之間所使用的投擲棍棒，頭部圓大，有一些棍上面有棘刺狀的刻痕。在近身肉搏戰中，單純用毆打的方式就具有相當大的威力。這種武器的前端有尖形也有圓形，尖形的澳洲擲棍用來投擲，幾乎都會是前端擊中，射程約15到30公尺左右。

刀劍

短劍

長柄

打擊

遠距

特殊

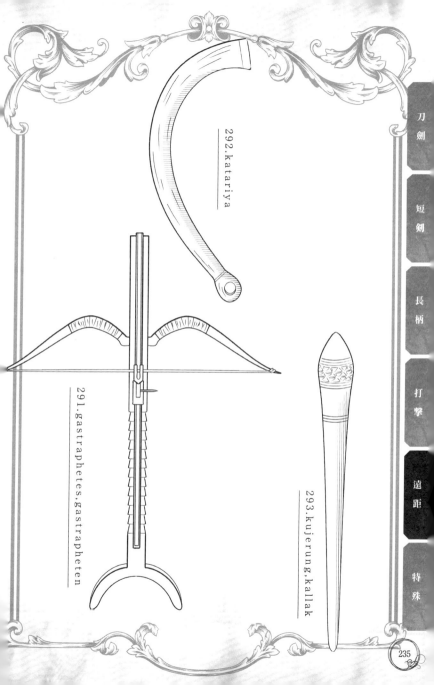

292.katariya

291.gastraphetes,gastrapheten

293.kujerung,kallak

294 圓頭棒

kerrie,knobkerrie,tyindugo

◆長度：40～80 cm
◆重量：0.5～1.0 kg
◆時代：年代不詳～20世紀
◆地區：南非

　圓頭棒是南非的努里斯坦人（Nuristani）使用的投擲武器，握柄細長，前端有一個球形的頭部，握柄的下端尖銳。材質是骨頭或石頭等自然材質，但其中犀牛角是最佳的材質。這種武器用棒頭朝著對手投擲時可以當作擲棒，此外也可以拿握柄朝向對手投擲，當作鏢槍使用。

295 複合弓

composite bow

◆長度：60～150 cm
◆重量：0.2～0.5 kg
◆時代：年代不詳～現代
◆地區：全世界

　複合弓泛指用數種材料組合而成的弓，堅硬的材料為中心，加上具有彈性的材料結合而成，這種弓不但強度夠又具有彈性，因此即使是小型，威力也極為強大。但是相對地，弓弦的強度也會變大，增加箭手的負擔。歐洲人為了減輕箭手負擔，開發出了弦上附滑輪的現代複合弓（compound bow）。

296 重籐弓

shigetouyumi

◆長度：170～180 cm
◆重量：0.2～0.3 kg
◆時代：室町～江戶
◆地區：日本

　重籐弓是日本從室町時代左右開始使用的弓，原本是結合木頭或竹子等材質製作而成，為了補強而纏上籐皮。在黑色塗漆的弓上纏白色籐皮，這種弓極為美麗，而成為受到上級武士或武將喜愛的高級品。弓的上方有36處纏繞籐皮，下方有28處，這是為了與占星術中的36種星獸與28宿的觀念相對應。

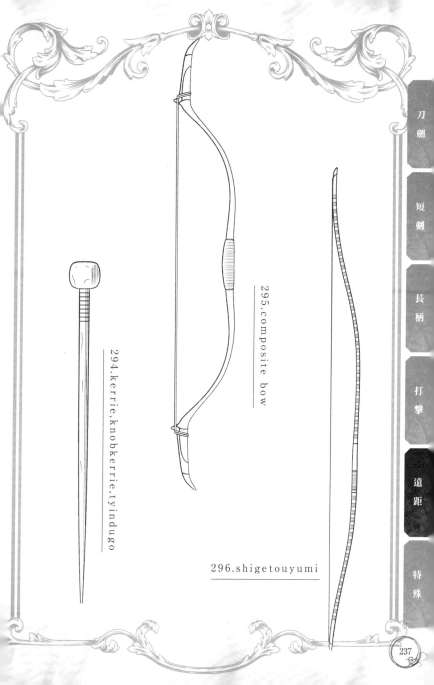

294.kerrie,knobkerrie,tyindugo

295.composite bow

296.shigetouyumi

297 爪哇弓

gendawa

◆長度：110～120cm
◆重量：0.7kg
◆時代：年代不詳～17世紀
◆地區：東南亞

　　爪哇弓是印尼的爪哇島上自古即存在的弓，是一種用木頭削成的單體弓，外觀呈現V形，只有中間的弓把呈圓筒狀而且較為粗大，兩端的弓弰處設有分叉的獸角，用來掛弓弦。爪哇弓到現在仍存留著傳統的弓術，傳承了盤腿而坐的坐射技法。

298 手裏劍

shuriken

◆長度：10～15cm
◆重量：約0.1kg
◆時代：戰國～江戶
◆地區：日本

　　手裏劍是日本的忍者或武士使用的投擲武器，有各種形狀，如形狀像又長又重的釘子一樣的棒狀手裏劍、八個方位都有薄刃的車手裏劍、卍字手裏劍、十字手裏劍。除了投擲以外，如其名所示，也可藏在手裡靠近對方刺擊。棒狀手裏劍的威力雖然很大，但投擲時會旋轉，必須根據距離調整旋轉次數，技巧十分難學。

299 投石棒

staff sling

◆長度：100～110cm
◆重量：0.3～0.5kg
◆時代：4B.C.～近代
◆地區：全世界

　　投石棒是全世界從紀元前就在使用的投石武器，是從投石索（見他項記載）改良而來，在棒子的前端加上用來包裹的布，將石頭放進去甩動投出。如此離心力會變大，又是以雙手甩出，威力與飛行距離都大增。共和時期的羅馬，運用這個種武器的原理，開發出了一種攻城用的大型武器「投石機」（catapult）。

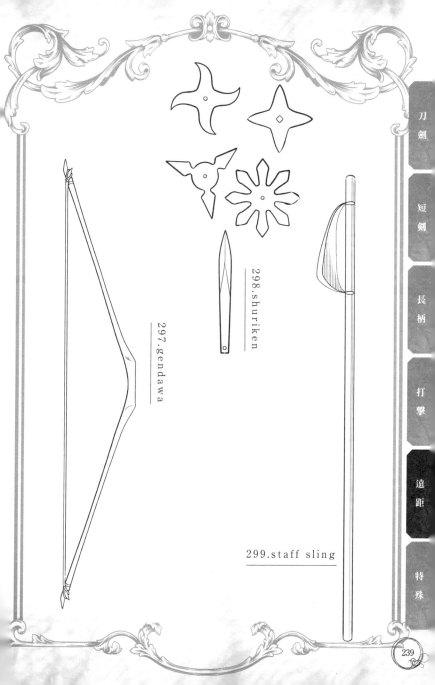

298.shuriken

297.gendawa

299.staff sling

300 雙叉標槍

zupain

◆長度：140～180 cm
◆重量：1.2～1.8 kg
◆時代：14～17世紀
◆地區：中東、近東/印度

　　居住在南波斯（伊朗高原西南部）裏海沿岸的德萊木人（Daylami）所使用的標槍。約14世紀經由德萊木人的傭兵傳到中東，盛行一時。這種武器的特徵是槍頭為彎曲銳利的雙叉，原型為捕漁用具魚叉。雖與刺叉（見他項記載）外形相似，但與其說是為了防禦，更像是為了提高命中率才將槍頭一分為二。

301 飛鏢

dart

◆長度：約30 cm
◆重量：約0.3 kg
◆時代：15～17世紀
◆地區：歐洲/中東、近東

　　飛鏢是狩獵用的投擲武器，最單純的飛鏢只是木棒前端削尖，但也有像箭矢一樣有穩定箭身用的尾翼。飛鏢的威力不高，不過優點是很輕、方便攜帶。飛鏢原型從舊石器時代開始就已經存在，歐洲人從15世紀之後才明確地將其視為武器，現在則是用於遊戲或競技。

302 脫手鏢

dasshuhyo,tuoshoubiao

◆長度：8～14 cm
◆重量：0.15～0.3 g
◆時代：北宋～清
◆地區：中國

　　脫手鏢是從中國北宋時代左右開始使用的投擲武器，據說是僧人從其他國家傳入中國。外形與棒狀手裏劍（見他項記載）相似，短短的握柄與鋒刃整體都是鐵製的，有些尾端有一個環，可以在環上綁上布條，藉此讓飛行的軌道更為穩定。負責護送人或物品的職業保鏢經常都攜帶這種武器，因而稱為鏢師。

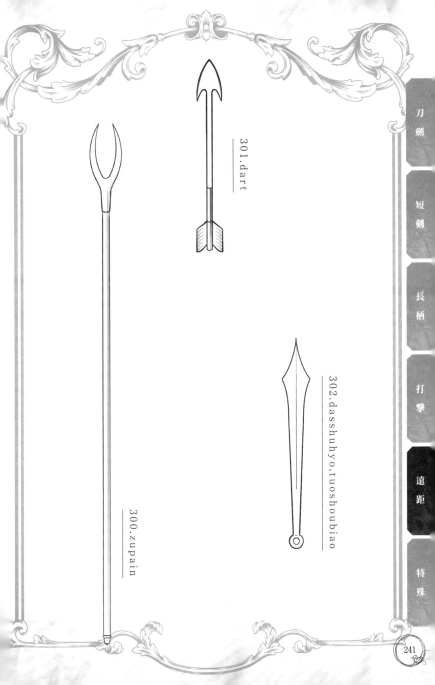

301.dart

302.dasshuhyo,tuoshoubiao

300.zupain

303　傣弩

thami

◆長度：(全長)120～150cm (寬)120cm
◆重量：4.0～5.0kg
◆時代：17～20世紀
◆地區：東南亞

　　傣弩是東南亞中部的傣族（泰老民族）用來狩獵的一種十字弓（見他項記載），這是一種將弓嵌進弩臂的組合式武器，可以拆開來攜帶。箭的體型雖然較小，但擁有一箭射死老虎的威力，若是在箭上塗毒，可以從100公尺遠的地方殺死大象或犀牛之類的大型動物。另外，也可以用來射水中的魚。

304　擲箭

tekisen,zhijian

◆長度：23～30cm
◆重量：0.07～0.4kg
◆時代：周～清
◆地區：中國

　　擲箭是誕生於中國周代的投擲武器，像飛鏢（見他項記載）一樣，箭柄上加裝箭鏃型的箭頭。箭柄前端又粗又重，威力極高，上戰場時是以12支為一組攜帶。據說原本是將箭投入壺中的遊戲，由少林寺的僧人將其發展為武器，而飛鏢則是從武器變成遊戲用具，兩者歷經了完全相反的歷史。

305　馬赫迪三刃飛刀

thuluth

◆長度：30～50cm
◆重量：0.5～0.8kg
◆時代：19世紀
◆地區：非洲

　　馬赫迪三刃飛刀是19世紀蘇丹馬赫迪派士兵使用的飛刀，外形是刀柄加上刀刃往三個方向伸出的刀身，「thuluth」在阿拉伯文中也是「三」的意思。三枚刀刃呈新月形或鉤形，投擲出去至少有一枚會命中。南薩伊的恩庫特修族（Nkutshu）所使用的薩伊三刃飛刀（Woshele），也是形狀類似的武器。

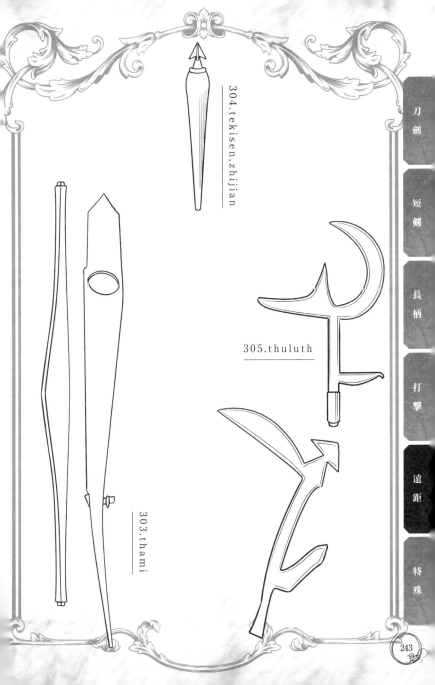

304.tekisen.zhijian

305.thuluth

303.thami

306　弩

nu

◆長度：(全長)50～80cm (寬)120cm
◆重量：8.0～10.0kg
◆時代：春秋～明初期
◆地區：中國

　弩是中國的十字弓（見他項記載），從紀元前就有在使用，在火器出現之前都是軍隊的主力武器，也有製造出弩臂上有握把的弩。中國的弩與大多數的同型武器一樣，缺點是無法連射，但中國有發明三列輪替射擊，或與一般弓箭組合的戰術，因而比其他地區更為盛行。

307　印地安擲棍

patshkohu

◆長度：50～70cm
◆重量：0.3～0.4kg
◆時代：16～19世紀
◆地區：美洲

　印地安擲棍是美洲原住民霍皮族所使用的擲棍，因為是用來獵兔的武器，所以也稱為「兔棍」（rabbit stick）。棍的形狀依照部族不同而有若干的差異，但基本上都是木製呈「く」字型彎曲，其中一邊有圓筒狀的握柄。印地安擲棍除了用來投擲，也可以拿在手中毆打對手。

308　飛叉

hisa,feicha

◆長度：20～30cm
◆重量：0.5～1.0kg
◆時代：明～清
◆地區：中國

　飛叉是中國明朝設計出來投擲用的小型刺股（見他項記載），這是一種金屬製的武器，前端分叉為2到5個尖刺，最常見的形狀是三叉，中央的尖叉前端為箭鏃型，據說原本是漁夫所使用的魚叉。這是一種強大的武器，經過訓練，射程可以達100公尺以上，《水滸傳》裡也有使用飛叉的人物。

刀劍

短劍

長柄

打擊

遠距

特殊

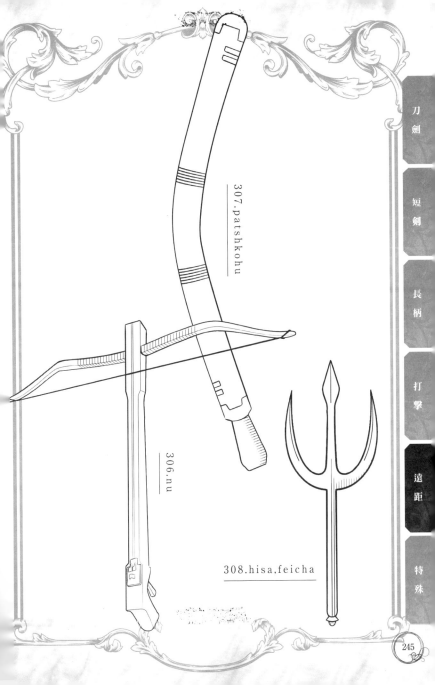

307.patshkohu

306.nu

308.hisa,feicha

309 標槍

hyousou,biaoqiang

◆長度：100～300 cm
◆重量：0.8～2.5kg
◆時代：北宋～清
◆地區：中國

標槍是中國投擲用長槍的總稱，在中國，自古就已普遍使用弩（見他項記載）之類的武器，因此以手投擲的長槍一般並不太常見，但是蒙古人等馬上民族所使用的標槍極為強大，使得這種武器也逐漸普及。不過，以遠距離武器來說，因有更好的武器存在，標槍似乎不太受重視。

310 羅馬重標槍

pilum

◆長度：150～200 cm
◆重量：1.5～2.5kg
◆時代：4B.C.～3A.D.
◆地區：古羅馬

羅馬重標槍是古羅馬士兵所使用的投擲用長槍，是由木製的槍桿與金屬製的槍頭所構成，兩者連接處加上了重塊。為了貫穿盾牌，槍頭根部的金屬部分極長。羅馬重標槍又細又重，若是掉落在敵陣，一落地很容易就折彎了。這是為了不讓敵人拾取後投擲回來，而故意製造得很脆弱。

311 吹箭

blowpipe

◆長度：30～200 cm
◆重量：0.1～1.0kg
◆時代：10～20世紀
◆地區：主要為叢林地帶

吹箭是東南亞或美洲叢林地區的原住民等使用的吹射箭矢。藉由嘴巴將空氣吹入細長的吹管，射出吹針。為了讓吹針筆直飛行，針上有附羽毛或動物毛。吹箭不適合正面作戰，無論是狩獵還是戰鬥，都要悄悄靠近再使用。有時針上會塗毒，刺中會因為肌肉鬆弛而麻痺，或是呼吸困難。

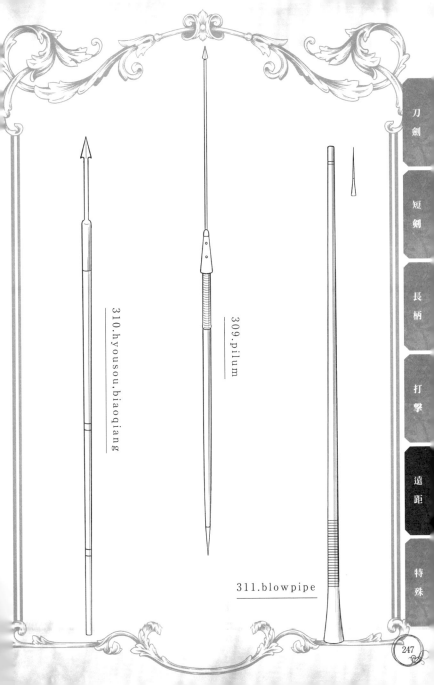

310.hyousou,biaoqiang

309.pilum

311.blowpipe

312 蠍尾飛刀

muder

◆長度：70～85cm
◆重量：0.8～1.0kg
◆時代：16～19世紀
◆地區：非洲

　　蠍尾飛刀是16世紀左右開始，非洲人所使用的一種代表性的投擲小刀，是一種雙刃刀，刀刃有分枝，刀身像英文字母的「F」字形。「muder」這個名稱是「蠍子」的意思，因為刀鋒像蠍尾一樣尖銳而以此稱呼。這種形狀似乎很適合用來投擲，有很多形狀類似的飛刀。

313 柳葉飛刀

ryuyouhitou, liuyefeidao

◆長度：20～25cm
◆重量：0.25～0.35kg
◆時代：前漢～清
◆地區：中國

　　中國從紀元前就有的投擲用短刀，是一體成形的金屬製成，有像柳葉一樣的細長刀刃與細長刀柄。為了讓飛行軌道更穩定，柄首有綁布條，除了刀刃形狀外，幾乎都和脫手鏢（見他項記載）一樣。據說是很難操控的武器，要嫻熟使用得花上十年，但在擅長使用的人手上，甚至可以射出200公尺。

314 葛姆克擲棍

luny

◆長度：60～70cm
◆重量：0.5～0.8kg
◆時代：12～20世紀
◆地區：非洲

　　葛姆克擲棍是居住於蘇丹東部青尼羅州的葛姆克人（Gamk）所使用的木製投擲棍棒，形狀則每個氏族皆不同，但最具代表性的是前端三分之一左右的地方有近直角彎曲的部分。這是一種用來狩獵或戰鬥的高性能武器，也可以用來狩獵警戒心強的動物，如鬣狗或烏鴉。

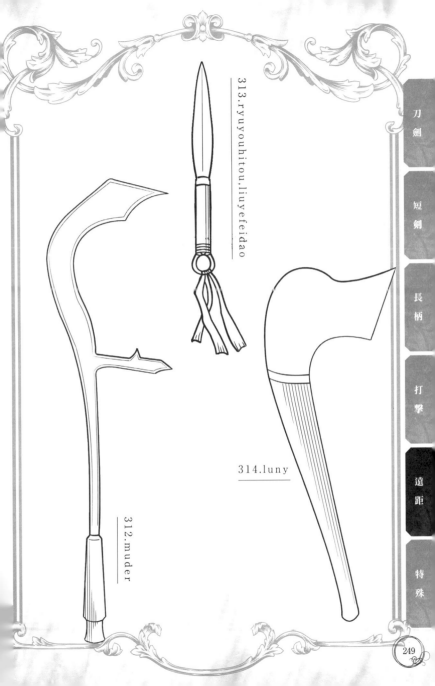

313.ryuyouhitou.liuyefeidao

314.luny

312.muder

315 連弩

rendo,liannu

◆長度：(全長)75～100cm (寬)80～140cm
◆重量：1.0～4.0kg
◆時代：戰國～清
◆地區：中國

連弩是中國弩（見他項記載）的一種，可以連射或是同時發射數箭。一開始製作出來是固定在底座或車上的大型兵器，之後也開發出個人用的小型連弩。似乎是諸葛亮讓這武器可以實際運用，但不知功效如何。歷史上數次研發小型連弩，但其性能幾乎都無法運用在實戰上。

316 嘴型迴力鏢

watilikri

◆長度：75～85cm
◆重量：0.8～1.2kg
◆時代：18～20世紀
◆地區：澳洲

嘴型迴力鏢是澳洲的瓦拉孟加人所使用的木製迴力鏢（見他項記載），棍身微微彎曲，前端略微收窄，最前端呈現銳角彎曲的鉤狀，由於鉤狀部分形狀像鳥喙，因此稱為嘴型迴力鏢。投擲出去之後，前端會旋轉然後勾住對象物，速度快的時候甚至能將其斬斷。

317 彎頭擲棍

ngeegue

◆長度：45～60cm
◆重量：0.4～0.7kg以下
◆時代：17～20世紀
◆地區：非洲

彎頭擲棍是17世紀左右開始，非洲的薩拉人所使用的投擲棍棒，金屬製，棍形如拐杖糖，前端呈圓弧狀勾起，在棍身開始大幅彎曲的地方，有一個小小的棘刺突出物，擲棍兩端呈環狀捲起。「ngeegue」唯有男人可以使用，女人使用的是較小型的「nga-til」。

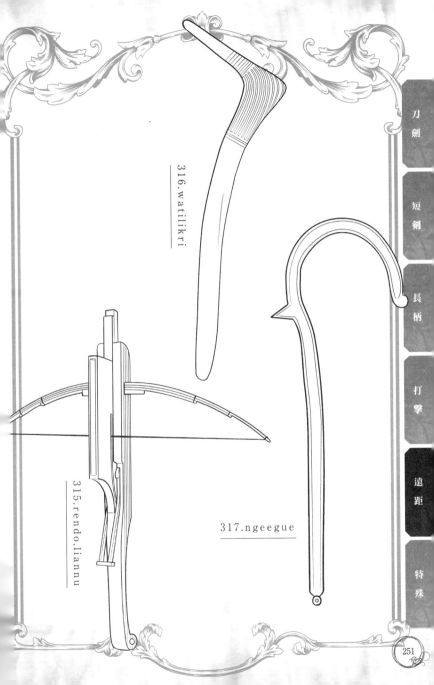

316.watilikri

315.rendo.liannu

317.ngeegue

遠距武器圖解

弓
Bow

① 弓把、弓柄（grip）
② 上弓臂、弓淵（upper limb）
③ 下弓臂、弓淵（rower limb）
④ 弓背
⑤ 弓面
⑥ 上弓臂彎曲處
⑦ 箭台（sight）
⑧ 弓柄下彎處
⑨ 上弦耳
⑩ 下弦耳
⑪ 弦（bow string）
⑫ 搭箭點（nocking point）
⑬ 弓弦中央部（sarving）
⑭ 弓身

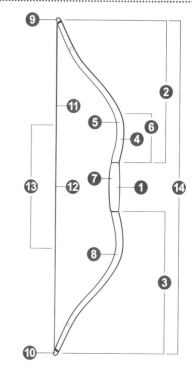

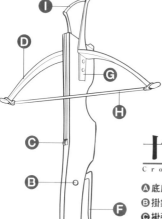

十字弓（弩）
Crossbow

Ⓐ 底座、弩臂（tiller）
Ⓑ 掛鉤（lugs , stops）
Ⓒ 掛弦、鉤牙、鉤括（nut）
Ⓓ 弓（boow）
Ⓔ 弩托（butt）
Ⓕ 扳機、懸刀（trigger）
Ⓖ 固定具（ties）
Ⓗ 弦（string）
Ⓘ 腳鐙（stirrups）

6章
特殊

克蘿愛

有很多武器我都會用了！其他還有什麼好玩的武器嗎？

蕾雅

有啊，有用長長的繩子或鎖鏈甩動的武器，或是奇形怪狀的刀刃。

克蘿愛

感覺很不錯耶，使用獨特武器的美少女冒險者……。這叫做突顯個性嗎？

蕾雅

啊！妳剛才說自己是美少女！

馬庫斯

特殊的武器有特殊的用途，平常可不能用。不過，像手指虎之類的倒是可以帶著。

318 阿達加盾

adaga,adarga,adargue

◆長度：69～110cm
◆重量：1.5～2.0kg
◆時代：14～16世紀
◆地區：歐洲

　　阿達加盾是摩洛哥中北部一座名為菲斯（Fez）的都市所生產的特殊武器，是一種結合了盾、槍與短劍的武器。在包覆羚羊皮的皮盾正面裝上雙刃的短劍，再以下方槍頭、上方槍桿的方式結合長槍。這種武器可以單手進行攻擊與防禦，可以說是一種相當強力的騎士武器，西班牙騎兵隊將其納為正式配備，自此推廣到全歐洲。歐洲人經常製作這種攻防一體的武器，像是雙手用的劍盾（sword shield）、從中央發射子彈的鐵盾槍等。

319 西洋鞭

whip

◆長度：1～8m
◆重量：0.4～0.6kg
◆時代：不明～20世紀
◆地區：歐洲

　　西洋鞭是一種歐洲的武器，基本構造是編織而成的皮繩或鎖鏈等加上握柄，甩動擊打可以讓對方產生劇烈疼痛，而皮繩所發出的尖銳聲響也可用來威嚇對手。這原本是駕馭家畜的用具，但之後也用來刑求或懲罰，大多是鞭打人體耐受度高的背部或臀部。即使如此，人們有時也會因為太過疼痛而休克死亡。鞭刑也有殺雞儆猴之效，有讓民眾戒慎恐懼的意義在，因此大多是在公共場合執行。有些鞭子上會嵌入像荊棘一樣的尖刺，有些則是在前端分成數條。

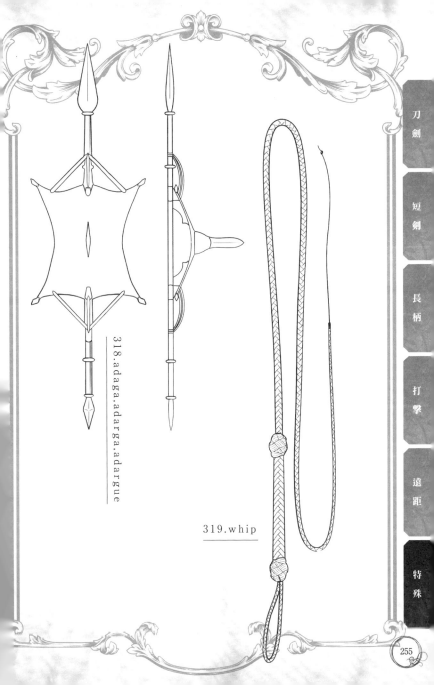

318.adaga.adarga.adargue

319.whip

320 套桿

uchikomi

◆長度：200～250 cm
◆重量：2.0～2.2 kg
◆時代：江戶
◆地區：日本

　　套桿是日本江戶時代設計出來逮捕犯人的用具，沒有正式名稱，也有人單純地稱之為鐵環。製作方式是用鐵線扭成直徑30到40公分左右的環，裝設在橡樹、櫪樹等長綠喬木製成的長棍上，用來套住人犯的脖子，將其逮捕帶走，但有時會因為威力太過強大而使得人犯昏迷或窒息而死。為了防止發生這種意外，有些套桿上面也會用稻草、麥桿或布條纏在上面當緩衝。也許是因為用法困難，也不如具他工具用途廣泛，所以實際上似乎沒什麼使用的機會。

321 鎖鐮

kusarigama

◆長度：(鐮)50～60cm (鎖)250～400cm
◆重量：2.0～3.0 kg
◆時代：室町末期～江戶
◆地區：日本

　　鎖鐮是室町時代發明的武器，正如其名，就是在鐮刀上加掛帶有秤砣的鎖鏈。掛秤砣鎖鏈的方式有兩種，一種是掛在鐮刀的刀柄尾端，另　種則是在鐮刀的刀刃上開洞掛在上面。這種武器有各種不同的攻擊方式，像是用鎖鏈上的秤砣擊打、加上鐮刀揮砍，或是用秤砣鎖鏈纏住對方的手腳或武器，困住對方之後再用鐮刀攻擊等，也可連續性攻擊。雖然也可以將鐮刀甩向敵人，但這樣一來，如果攻擊失敗，使用者本身也會有危險。

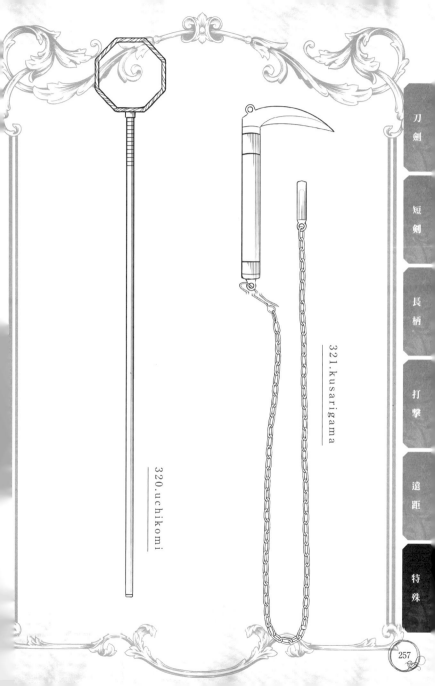

321.kusarigama

320.uchikomi

322 圈

ｋｅｎ，ｑｕａｎ

◆長度：24〜30cm（直徑）
◆重量：0.4〜0.6kg
◆時代：明〜清
◆地區：中國

　圈是中國明朝設計出來的一種環狀武器，據說原本是跳舞用的道具。使用方式是握住金屬製的環，擊打對手。圈的形狀有各種變化，像是在環的外圍加上刀刃的乾坤圈，或是環上有放射狀棘刺的金剛圈等，並且有多種攻擊方式，可戳刺、揮砍、投擲。圈也很有防禦效果，可以將環套入長柄武器前端使其失去作用。為此，有些人也會在圈內側加上刀刃，以此刀刃斬斷對方武器的握柄。

323 護手鉤

ｇｏｓｈｕｋｏｕ，ｈｕｓｈｏｕｇｏｕ

◆長度：80〜100cm
◆重量：0.8〜1.2kg
◆時代：戰國〜清
◆地區：中國

　護手鉤是中國西漢以後開始使用的武器，其原型是戰國時代用於坑道內戰鬥的棒狀鉤爪。武器構造是金屬鉤加上有附月牙的握柄，並將柄首磨尖，兩手各拿一柄使用。有一些鉤的內側有刃，這種的也能用來割斷馬的韁繩，而近身肉搏時則是可以用月牙劈砍，或是用柄首戳刺等等，這種武器的功能相當多。

322.ken,quan

323.goshukou,hushougou

324 南蠻棒

n a n b a n b o u

◆長度：2.0〜2.4cm
◆重量：2.2〜2.5kg
◆時代：江戶
◆地區：日本

　南蠻棒是日本江戶時代用來逮捕犯人的武器，長柄前端有金屬製的剪刀，剪刀上有鋸刃，一夾到物品，上面的彈簧就會讓剪刀用力夾住，原理與狩獵時用來做陷阱的捕獸夾類似，另外也有一種是像玩具手臂一樣，握住柄上的套管滑動，手動讓剪刀開闔的類型。其原型好像是安土桃山時代的水軍所使用的一種用來夾住對方使其落水的武器，這種武器的目的是殺傷敵人，因此刀刃比逮捕犯人的工具更銳利。

325 忍者刀

n i n j a t o u

◆長度：40〜60cm
◆重量：0.3〜0.8kg
◆時代：室町〜江戶
◆地區：日本

　一般認為忍者刀是以往日本忍者所使用的刀，長度介於打刀（見他項記載）與脇差（見他項記載）之間，易於揮使，刀身是沒有彎曲的直刀，四方形的刀鐔比一般的巨大。刀鞘為了方便夜晚活動、不要太過明顯，而沒有打磨出光澤，尾端為扣蓋式可以拿下來。這些據說都是為了在各種狀況下，能當作忍術工具發揮功用而設計的，像是把刀豎起來靠在牆壁上，踩著刀鐔往上爬，或是用刀鞘代替呼吸管潛水等。

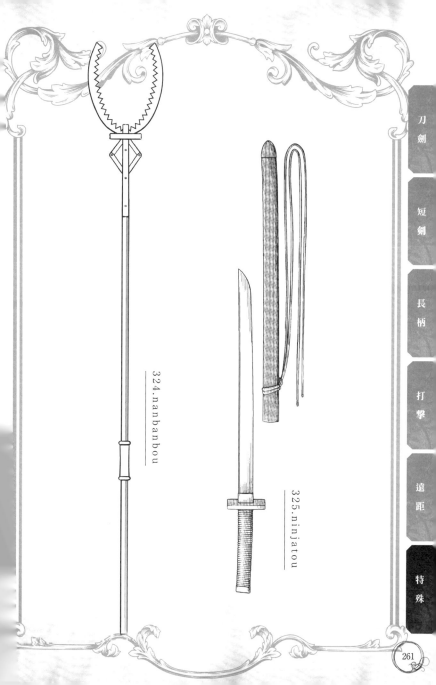

324.nanbanbou

325.ninjatou

326 弭槍

hazuyari

◆長度：15cm（槍部分）
◆重量：0.1kg（槍部分）
◆時代：安土桃山～江戶
◆地區：日本

　　弭槍是日本戰國時代步兵「足輕」中的弓箭隊遇到緊急情況時所使用的武器，只要將嵌入式的槍頭插入弓弭，即可成為一把簡易的槍。而嵌入槍頭的弓，也稱為鋒弓。這是在弓弦斷掉無法使用或戰亂時使用的武器，相當於現代的刺刀。足輕裡的弓箭隊除了攜帶弓與刀以外，還帶著這種槍。不過這只是用來求安心用的武器，無法與拿著一般長槍的對手戰鬥。弭槍與其說是用來打倒敵人，不如說是處於劣勢時，用來提高生存率的武器。

327 飛爪

hisou,feizhao

◆長度：6.0m
◆重量：約2.0kg
◆時代：明～清
◆地區：中國

　　飛爪是中國明朝時設計的武器，其基本結構是在繩子兩端綁上金屬製的鉤爪。鉤爪的形狀像人手或動物的爪子，以來回甩動或投擲的方式攻擊。雖然沒有一擊必殺的能力，但是對手即使用劍或槍格擋，飛爪也會捲上去割傷對方的身體。繩子的長度是6公尺左右，抓住繩子中間，使用兩端的爪子。如果是抓住繩子的一端，可以攻擊的距離就能相當遠。飛爪除了拿來當作武器之外，似乎也能用來攀爬高壁。

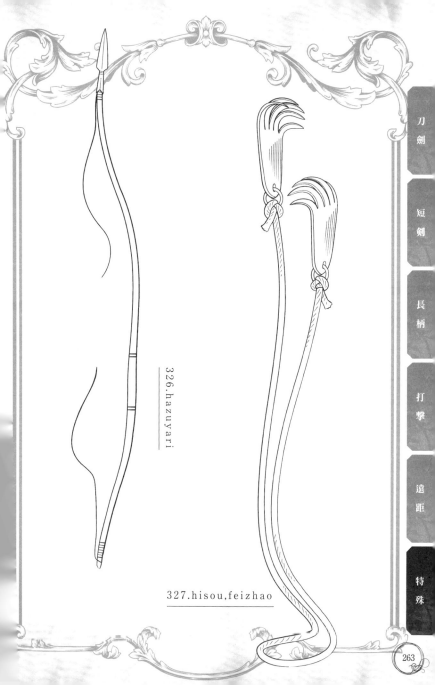

326.hazuyari

327.hisou,feizhao

刀劍
短劍
長柄
打擊
遠距
特殊

263

328 刺盾

maru,madu,singauta

◆長度：75cm～3.0m
◆重量：0.8～4.0kg
◆時代：17～19世紀
◆地區：印度

　　刺盾是17世紀時馬拉塔人所使用的一種攻防一體的武器，也稱為「singauta」（殺戮之意）。這種武器是在圓形的盾牌內側裝設兩支山羊角往左右伸出，角的前端用金屬包起，加以強化。也有無盾牌、只是將角結合起來的武器，稱為「托缽僧之角」（fakir's horns）。馬拉塔人有很多形狀獨特的武器，像是護手與劍一體化的拳劍（見他項記載），或是法朗奇刀（見他項記載）等。

329 捕人叉

man catcher

◆長度：1.2m～3.0m
◆重量：1.0～2.2kg
◆時代：16～19世紀
◆地區：歐洲

　　捕人叉是16世紀左右開始，監獄內主要用來鎮壓、拘捕囚犯的武器，外形是在長柄上裝一個不完整的金屬環，環的兩邊有帶彈簧裝置的「倒刺」。拿這個朝對手的脖子插過去，脖子進入環中就很難拔出來了。環的內側有刺，亂動的話就會受傷。捕人叉不只是用來限制對方的自由，目的也是為了讓這項武器具有攻擊性，使反抗的囚犯受傷疼痛，令其喪失戰意。

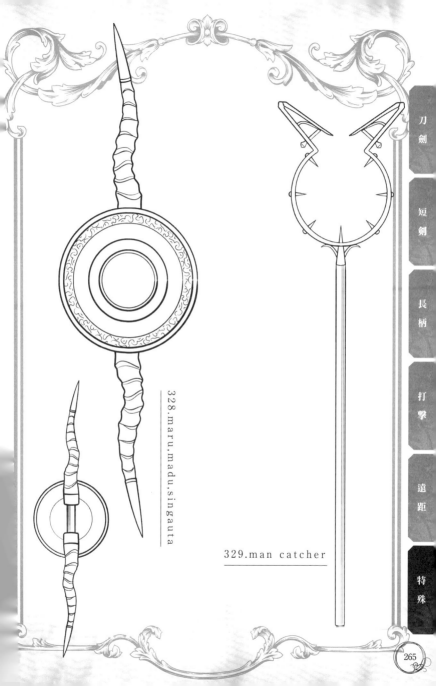

328.maru,madu,singauta

329.man catcher

330 角手

kakute

◆長度：2～10cm
◆重量：0.1kg以下
◆時代：江戶
◆地區：日本

　角手是日本江戶時代的格鬥武器，用來當作逮捕犯人的工具或防身器具。外形是金屬製的環，上面有2到3根尖刺，戴在手指上使用。如果戴上時尖刺朝外，會使拳頭攻擊更有力，但大多還是尖刺轉向手心處配戴，以利抓住對手攻擊。若擅長使用日本武術「柔術」，只要抓住對方手臂或手腕，就能令其感到劇烈疼痛。

331 鐵鞭

kanamuchi

◆長度：85～110cm
◆重量：0.3～0.5kg
◆時代：平安～明治
◆地區：日本

　鐵鞭是日本人所使用的一種類似警棒的鐵製武器，平安時代製造，一直使用到明治時代左右，使用時間相當長。外形簡單，只有在鐵棒的握把部分設置止滑物，不過其中也有一些鐵鞭上有像樹木或竹子一樣的節。原本是身分低微者在使用，但因誤傳是貴族護衛在用的武器，到了江戶時代就變成高級武士在使用了。

332 峨嵋刺

gabisi,emeici

◆長度：約30cm
◆重量：約0.3kg
◆時代：清
◆地區：中國

　峨嵋刺是中國清朝發明的武器，是　種中央有圓環兩端尖銳的短金屬棒，將中指套入圓環中使用。攻擊方式有很多種，像是握著往下揮、戳刺、擊打、投擲，或是利用槓桿原理將關節動作發揮到極限。峨嵋刺因為攜帶便利，會用於防身或暗殺等。類似的武器有指環與棒子連接處可以旋轉的點穴針等。

刀劍

短劍

長柄

打擊

遠距

特殊

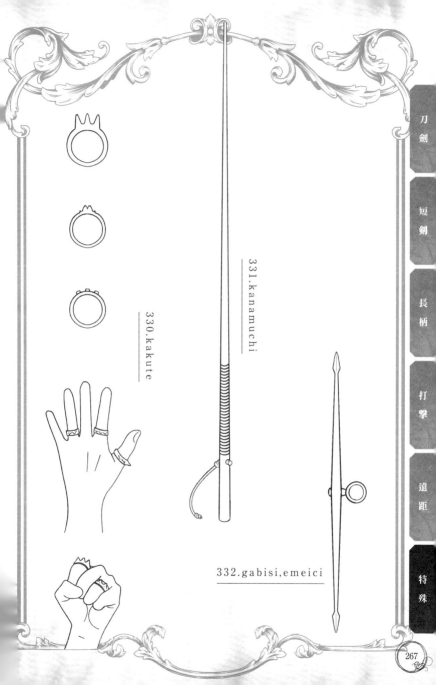

331.kanamuchi

330.kakute

332.gabisi,emeici

333 庫葉盾棍

quayre

◆長度：80～100cm
◆重量：約0.7～1.2kg
◆時代：17～20世紀
◆地區：非洲

　　庫葉盾棍是居住在蘇丹南部的丁卡族所使用的特殊棍棒，其構造是在木棍中間左右的地方，有一個像橢圓形盾牌的部分用來保護手部，內側有握柄，因為有這個部分，便能克服棍棒受到攻擊時，刃或棒會滑動、擊中手指的弱點。構造雖然複雜，卻是一體成形製造的武器。

334 鎖龍吒

kusariryuta

◆長度：150～250cm
◆重量：約1.0～1.2kg
◆時代：江戶
◆地區：日本

　　鎖龍吒是日本江戶時代用來逮捕犯人的工具，外形是鎖鏈的尾端有一個四爪鉤，另一端有秤砣。使用方式是揮舞甩動以纏住對方的衣服或腳部，限制其行動。龍吒原本是中國的武器，有像熊手一樣往內勾的鉤爪。而日本的鎖龍吒因為是逮捕犯人的工具，所以鉤爪像船錨一樣朝外，降低殺傷力。

335 薩提刃棒

sainti

◆長度：60～80cm
◆重量：約1.2～1.8kg
◆時代：16～19世紀
◆地區：南亞

　　薩提刃棒應該是以阿達加盾為原型製造的一種攻防一體的武器，外形是棍棒，中央有握柄，握柄處有包覆手部的護板，護板上方有一個像槍頭一樣的尖刺往外突出。雖然可以用棒子擊打對手，或是用槍頭戳刺，但基本上還是與刀劍並用，是用來防禦的輔助性武器。極難使用，除非極為熟練，否則沒辦法用得順手。

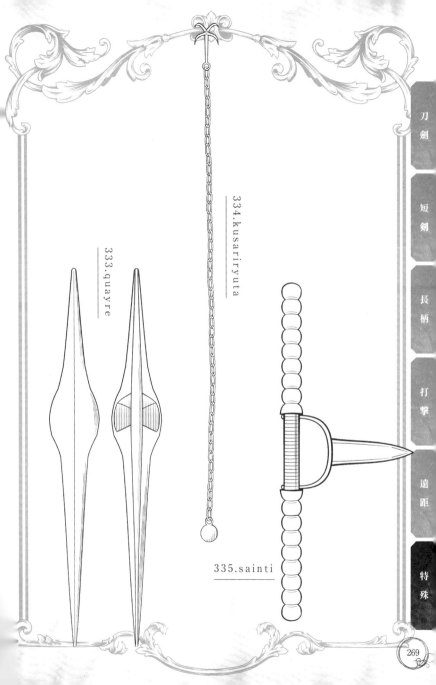

333.quayre

334.kusariryuta

335.sainti

336 日本杖劍

sikomizue

◆長度：50～70cm
◆重量：約0.8～1.0kg
◆時代：江戶～近代
◆地區：日本

　日本杖劍是偽裝成杖的刀劍類武器。明治以後大多是將刀身藏在手杖當中，為了配合手杖的形狀，大多是雙刃的直劍。這主要是明治時代頒布廢刀令以後，拿來防身或暗殺用的特殊武器。像這種隱藏式的武器，也會設計成鐵扇或煙管之類的物品，也有一些裡面藏的是槍頭或是針。

337 子母鴛鴦鉞

siboenouetu,zimuyuanyangyue

◆長度：40～50cm
◆重量：約1.0～1.2kg
◆時代：明～清
◆地區：中國

　子母鴛鴦鉞是於中國明朝製造出來的一種格鬥武器，屬於雙手用的成對器械，外形是兩枚月牙交疊組合的模樣，其中一個月牙有附握柄，與幾乎同時期出現的圈（見他項記載）非常相似，但是子母鴛鴦鉞更重視揮砍而非擊打。這種武器可以直接配合赤手空拳的體術動作，因此極受少林寺的武師喜愛。

338 手刺

jur

◆長度：20cm
◆重量：約0.1kg
◆時代：15～19世紀
◆地區：東非

　手刺是尼羅河上游地區的格鬥武器，是在半圓狀的握把上面，加上像水牛角一樣的尖刺，套在拳頭上使用，上面並沒有鋒刃，應該是專門用來截刺的武器。小巧方便攜帶，所以殺手也會使用。中東、近東地區也製造出了好幾款像這樣的罕見格鬥用武器。

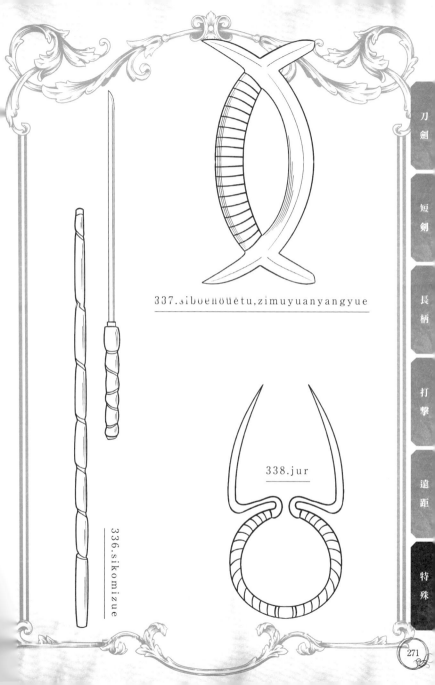

337.sibuenouetu,zimuyuanyangyue

338.jur

336.sikomizue

339 繩鏢

jouhyou,shengbiao

◆長度：3～10m
◆重量：約0.2～0.4kg
◆時代：明～清
◆地區：中國

　　繩鏢是中國明朝的武器，外形是在繩子前端綁著像槍頭一樣的利刃（鏢），平常用特殊的方式纏在腰上，使用的時候輕輕一拉就可以輕易解開。揮舞甩動把繩子甩出去，讓鏢直線飛去攻擊對手。用得很熟練的人也可以把繩鏢捲在腳上飛踢出去，或是讓繩鏢繞到對手的正後方攻擊。

340 多節鞭

tasetsuben,duojiebian

◆長度：150～300cm
◆重量：約2.0～5.0kg
◆時代：宋～清
◆地區：中國

　　多節鞭是中國宋朝所製造的一種武器，其基本構造是用圓環將數根金屬棒連接起來，有一些前端會削尖，或是裝上刀刃。用這武器攻擊時即使被擋下，多節鞭也能夠彎過去擊中對方。節數多的甚至有到36節。節數多的多節鞭，用法和繩鏢（見他項記載）很接近，以打擊武器來說，節少的擊中時的威力較大。

341 乳切木

chigiriki

◆長度：(棒)120～130cm (鎖)90cm
◆重量：約2.5kg
◆時代：江戶
◆地區：日本

　　乳切木是日本江戶時代所製造的一種日本棒（見他項記載），乳切木一般指的是裁切成立在地面時，高度及胸（乳）的棍棒，而當作武器專有名詞的乳切木，指的則是在棒子前端掛鎖鏈連接秤砣的武器，也有一些是用鉤爪取代秤砣，另外也有一種設計得看起來像一般棍棒，但揮舞時掛著鎖鏈的秤砣就會飛出去。

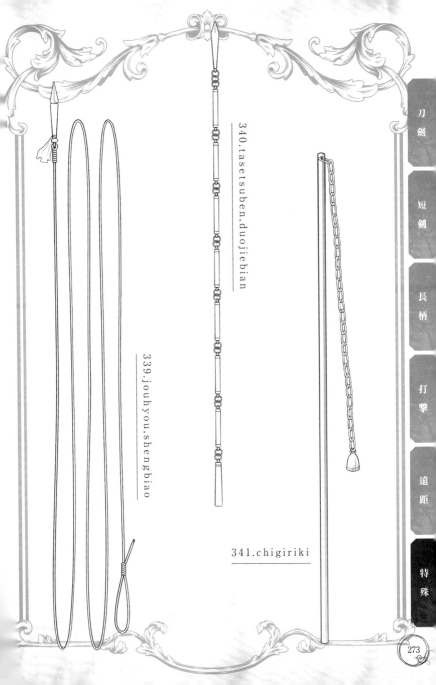

340.tasetsuben.duojiebian

339.jouhyou.shengbiao

341.chigiriki

342 袖箭

chusen,xiujian

◆長度：20～30cm
◆重量：約0.1～0.2kg
◆時代：三國～明
◆地區：中國

　　袖箭是一種將金屬箭置入短管中，用彈簧機括使其飛射出去中國武器，有效射程是100公尺左右，威力也十分強大。正如其名，這種武器藏在袖子裡，射出時無聲，動作也不顯眼，一般用來暗殺敵人。明代有製造出可以連發或是一次可以射出數箭的袖箭，而也有傳說這是諸葛亮發明的武器。

343 手甲鉤

tekkoukagi

◆長度：20～30cm
◆重量：約0.2kg
◆時代：江戶
◆地區：日本

　　手甲鉤是日本忍者或武師所使用的多目的性武器，外表是鐵製的環狀握把上有四根鉤爪，鉤爪的種類有兩種，一種是鉤爪在手背，另一種是鉤爪在手掌內側，夾在手指之間。手甲鉤製造出來的傷口會是平行的數道傷口，難以包紮治療，有時甚至會因為傷口惡化而死亡。也會用來當作攀登樹木或石牆的道具。

344 手指虎

knuckle duster

◆長度：10cm
◆重量：約0.05kg
◆時代：10 B.C.～現代
◆地區：全世界

　　手指虎是泛指套在手指上，強化拳擊力道的武器，古代的拳擊師會將皮繩之類的物品纏在手上保護拳頭。用這種武器，手腕不會晃動，可以一拳揮到底，不用擔心骨折，大幅提升拳擊的威力。現代是使用金屬製的手指虎，但因為材質堅硬，有時攻擊威力也會反作用到自己身上，讓手感到疼痛。

刀劍

短劍

長柄

打擊

遠距

特殊

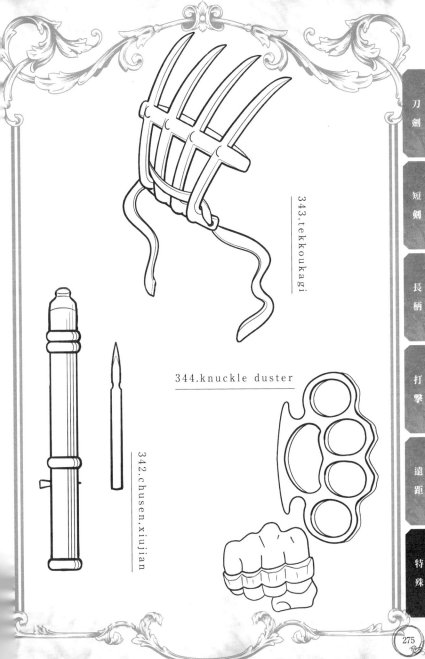

343.tekkoukagi

344.knuckle duster

342.chusen.xiujian

刀

劍

短

劍

長

柄

打

擊

遠

距

特

殊

345 虎爪

bagh nakh,bag' hnak

◆長度：10cm
◆重量：約0.05kg
◆時代：16～18世紀
◆地區：印度

　　虎爪是16世紀左右印度的一種隱藏武器，主要是盜賊或殺手在使用，「bagh nakh」就是「老虎爪子」的意思。外形像梳子一樣，金屬製的握柄上有四、五根鉤爪並排，握柄的兩端有圓環，使用時把圓環套在拇指和小指上，除了可以握拳讓鉤爪夾在手指之間擊打截刺，也可以張開手掌勾抓攻擊。

346 吹針

fukibari

◆長度：約5cm
◆重量：約0.05kg
◆時代：江戶
◆地區：日本

　　吹針是從中國傳到日本的一種用針攻擊的武器，是在像笛子一樣小型的管子裡預先放入數根細針，攻擊的時候是嘴巴含著管子朝向對手的臉部將針吹射出去。這種武器本身並不會造成死亡，目的是弄瞎對方的眼睛，是在纏鬥或雙方勢均力敵時的一種殺手鐧。平常是綁繩子掛在脖子上。

347 枕槍

makurayari

◆長度：100～135cm
◆重量：約0.8kg～1.2kg
◆時代：江戶中期
◆地區：日本

　　枕槍是日本江戶時代一種遇到緊急情況時所使用的槍，一般是睡眠中受到攻擊時使用，因為藏在枕頭底下而如此稱呼。形狀和一般的長槍大致相同，但是長度稍短。從這種會受到夜襲，以及寢室沒有寬敞到可以揮舞一般長槍的情況來看，應該是肩負相當重要職責的武士專屬的武器。

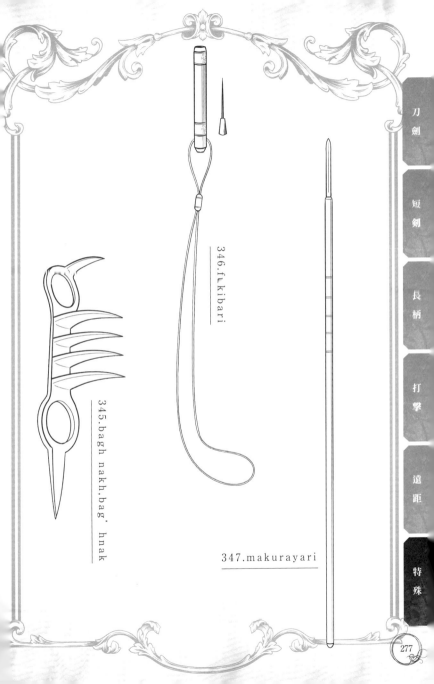

346.fukibari

345.bagh nakh,bag' hnak

347.makurayari

348 機械十手

marohoshi

◆長度：(攜帶時)12cm (使用時)25cm
◆重量：約0.2kg
◆時代：江戶
◆地區：日本

　　機械十手是日本江戶時代高級捕頭使用的折疊式十手（見他項記載），因為是使用一角流的十手術，所以也稱為一角機械十手。展開後可變成像十手一樣，前端有像長槍一樣的槍頭，左右兩邊延伸出防禦用的橫擋。日本圓明實手流或鐵人十手流等也使用同樣形狀的十手，但可折疊的只有這種，現存數量極少。

349 萬力鎖

manrikigusari

◆長度：60～120cm
◆重量：約0.8kg～1.5kg
◆時代：江戶
◆地區：日本

　　萬力鎖是一種在鎖鏈兩端掛重塊的武器，也稱為鎖分銅（鎖鏈掛秤砣），除了用來防身，江戶時代也用來當作逮捕犯人的工具，十分受到重用。高級的萬力鎖不是以鍛接的方式連接鎖鏈，而是用一整塊鐵塊打造而成，鎖鏈和秤砣沒有接縫，因此幾乎不會被砍斷。

350 微塵

miiin

◆長度：20cm（一根）
◆重量：約0.2kg
◆時代：江戶
◆地區：日本

　　微塵是日本江戶時代所發明的武器，是以鐵環為中心鏈掛三條帶秤砣的鎖鏈而成。威力強大，擊中時能將對手的骨頭擊碎化為微塵，因此而得名。用法是將手指伸入鐵環中旋轉投擲，或是握住其中一條秤砣鏈的尾端揮舞甩動攻擊等，也可以纏住對手的腳或武器，限制對手的行動。

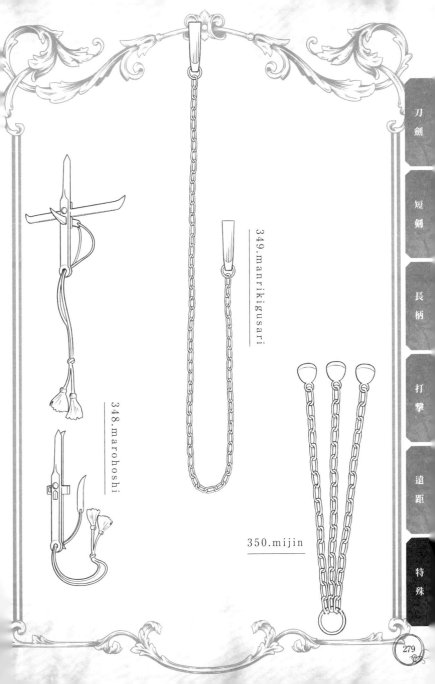

349.manrikigusari

348.marohoshi

350.mijin

⚜ 來吧！展開冒險的旅程吧！

　　新手冒險者克蘿愛，在遇到「噴火龍武器店」的兩位朋友之後，認識了各式各樣的武器，也學習到依目的與用途不同，有適合的武器與不適合的武器。同時也了解，戰鬥方式會因為時代、地區、文化或技術的進步等原因而改變，使得主要使用的武器也跟著改變。

【尾聲】冒險者克蘿愛，再次展開旅程。

克蘿愛

> 我開始了解，「沒有最強的武器」是什麼意思了。

馬庫斯

> 武器是因為有「想擁有可以戰勝對方武器的武器！」「想擁有可以與之對抗的武器！」這樣的想法，不斷演進而來的。根據情況不同，有時小刀會比劍還要占優勢，劍比槍更占優勢；同樣是槍，長槍比短槍占優勢，但太長也很難使用，槍有時也會輸給弓箭；而無論手上有再強大的弓，陷入近身肉搏，被小刀刺中也是沒救。妳一定要記住，戰勝對手的是戰法，武器只是工具而已，要判斷形勢，用最適合的武器，以最適合的方式攻擊，這才是最「強大」的。

克蘿愛

> 好……我懂了……。

蕾雅

> 明明是不同地方、不同時代，卻偶爾會出現類似的武器，很好玩吧。像是為了可以繞過對方的盾牌攻擊，而出現了很多彎刀。

馬庫斯

> 這也許就是所謂的趨同演化。

克蘿愛

> 也就是說只要情況類似，就會需要一模一樣的武器對吧。

馬庫斯
還有，很多時候武器上都有咒術力量存在，這也是不能只用強大當條件來選擇武器的原因之一。

克蘿愛
多虧了你們兩位，我學到很多有關武器的事！接下來的冒險一定會更加順利！這樣也能輕鬆打敗最後的大魔王了！

蕾雅
這可就太得意忘形了！妳要更小心一點啦！

馬庫斯
不過，就算是那樣克蘿愛還是活著回來了，她很有冒險者的潛力。我也是，以前也都是受傷了才會記得。只記得武器的種類，實際上不會使用也沒意義。

蕾雅
嗯嗯。

馬庫斯
而且，冒險者一定要存活下來才行，不可以在地下城裡化為枯骨。無論發生什麼事，妳都一定要回來。

蕾雅
克蘿愛，妳又要出發了對吧……。

克蘿愛
嗯！我要出發了！展開下一次的冒險！

參考文獻

『図説 西洋甲冑武器事典』（三浦権利 柏書房）
『図説 日本の甲冑武器事典』（笹間良彦 柏書房）
『図説・日本武器集成─決定版』（学研）
『武器辞典』（市川定春 新紀元社）
『武器と防具 西洋編』（市川定春 新紀元社）
『武器と防具 日本編』（戸田藤成 新紀元社）
『武器と防具 中国編』（篠田耕一 新紀元社）
『図説 武器だもの』（武器ドットコム 幻冬舎）
『図説 中世ヨーロッパ武器・防具・戦術百科』（マーティン・J・ドァァイ著 日暮雅通訳 原書房）
『The book of the sword』（Richard Francis Burton）
『An illustrated history of arms and armour』（Auguste Demmin）

✦ 索引

六～十畫

十一～十五畫

QUEST OF FANTASY SERIES

噴火龍武器店倉庫の
武器目錄

著者◆幻想武具研究会
編集◆TELESCOPE.ltd.

封面插畫◆輝竜司
內文插畫◆輝竜司

武器插畫◆尾崎まさこ

封面設計◆勅使川原克典
內文設計◆勅使川原克典

HIFUKI DRAGON BUSOTEN SOKO NO BUKI MOKUROKU
Copyright © 2017 GENSO BUGU KENKYUKAI
All rights reserved.
Originally published in Japan by KASAKURA PUBLISHING CO. LTD.,
Chinese (in traditional character only) translation rights arranged with
KASAKURA PUBLISHING CO. LTD., through CREEK & RIVER Co. Ltd.

出版◆楓樹林出版事業有限公司
地址◆新北市板橋區信義路163巷3號10樓
郵政劃撥◆19907596 楓書坊文化出版社
網址◆www.maplebook.com.tw
電話◆02-2957-6096　　傳真◆02-2957-6435
翻譯◆楊詠晴
責任編輯◆黃怡寧　內文排版◆謝政龍
總經銷◆商流文化事業有限公司
地址◆新北市中和區中正路752號8樓
網址◆www.vdm.com.tw
電話◆02-2228-8841　　傳真◆02-2228-6939
港澳經銷◆泛華發行代理有限公司
定價◆320元
出版日期◆2018年5月

國家圖書館出版品預行編目資料

噴火龍武器店倉庫の武器目錄 / 幻想武
具研究会作；楊詠晴譯. -- 初版. -- 新北
市：楓樹林, 2018.05　面；　公分

ISBN 978-986-96281-1-2（平裝）

1. 武器

595.9　　　　　　　　107003312